绿色建筑运营期数字化管理创新实践

韩继红 主 编
张 颖 胡梦坤 副主编

中国建筑工业出版社

图书在版编目（CIP）数据

绿色建筑运营期数字化管理创新实践／韩继红主编．——
北京：中国建筑工业出版社，2021.12（2023.2重印）
ISBN 978-7-112-26789-7

Ⅰ. ①绿…　Ⅱ. ①韩…　Ⅲ. ①数字技术-应用-生态
建筑　Ⅳ. ① TU-023

中国版本图书馆 CIP 数据核字（2021）第 211105 号

责任编辑：滕云飞　徐　纺
责任校对：焦　乐

绿色建筑运营期数字化管理创新实践
韩继红　主　编
张　颖　胡梦坤　副主编

*

中国建筑工业出版社出版、发行（北京海淀三里河路 9 号）
各地新华书店、建筑书店经销
北京建筑工业印刷厂制版
北京中科印刷有限公司印刷

*

开本：787 毫米 ×1092 毫米　1/16　印张：11$\frac{3}{4}$　字数：273 千字
2022 年 3 月第一版　　2023 年 2 月第二次印刷
定价：55.00 元
ISBN 978-7-112-26789-7
（38586）

编 委 会

苏宁置业集团有限公司

北京智慧嘉铭物业管理公司

SOHO 中国有限公司

北京工大建国饭店有限公司

中国建筑股份有限公司技术中心

上海中建东孚投资发展有限公司

中国科学院自动化研究所

秦皇岛中科百捷电子信息科技有限公司

上海中心大厦建设发展有限公司

上海实业发展股份有限公司

常州市武进绿色建筑产业集聚示范区管委会

青岛国信发展（集团）有限责任公司

序　言

信息技术的突飞猛进、5G 时代的悄然来临，令"数字化转型"成为当今社会各行各业实施可持续创新发展的重要途径和当务之急。面向未来城市高质量发展和"建管并举"的新需求，建筑业的绿色化、工业化和数字化转型发展理应首当其冲，并需深度融合，全力打造数字孪生绿色建筑、数字孪生绿色低碳城市等已经成为行业共识和趋势方向。

过去 20 年来，在各级政府主管部门的大力推动下，绿色建筑在中国历经从无到有、从少到多、从快到好的三代更迭，目前已进入规模化高质量发展的新阶段。"运营决定成败！"如何让第三代绿色建筑不仅有全面绿色的设计和建造，更要在运营期里全面展现绿色建筑"资源节约、环境友好、以人为本"的本源初心，让用户对"安全耐久、健康舒适、生活便利、资源节约、环境宜居"等绿色性能看得见、摸得着、讲得清，最终实现人员满意、效益可观、口碑流传的绿色价值，既是重中之重，又是基于现行物业管理模式难以确保的难点和痛点。

以建筑信息模型（building information modeling，BIM）技术为代表的新一代信息技术，为加速推动建筑业的绿色数字化转型提供了强劲动力。作为涵盖了建筑工程全寿命期信息和管理行为的多维模型信息集成技术——BIM 以其三维可视、动态可控的直观形式，使建设项目的所有参与方（政府主管、业主、设计、施工、监理、物业、用户）对建筑设计、建设、使用直至拆除的全过程数据和信息实现维护、更新和协同共享，为建筑性能优化和科学管理、提高工作效率和质量提供了有效工具，目前在全球范围内得到业界的普遍认可和广泛应用。基于 BIM 的建筑正向设计和面向建造全过程的项目管理平台打造已经如火如荼，在设计院和建设单位引发了新一轮变革，得以推波助澜快速发展；延伸至运营阶段，以 BIM 技术支撑物业管理的数字化转型、助力绿色建筑运营管理的实效提升亦逐渐成为试点探索的热点和重点。

住建部在十三五期间发布的《建筑节能与绿色建筑发展"十三五"规划》和《关于推进建筑信息模型应用的指导意见》中明确将实施绿色建筑全过程质量提升行动列为主要任务，其中着重提到了加强运营管理、落实技术措施、保障运营实效，将信息化与绿色化深度融合，以 BIM 等信息化工具作为技术手段，建立基于 BIM 的运营维护管理模式等发展方向。

从技术层面来看，真正实现"BIM ＋绿色建筑＋运营优化"的深度融合主要面临三大关键问题：其一是如何获取高质量的 BIM 运营模型，其二是如何在 BIM 环境下实现能源环境动态优化控制，其三是如何构建切合实际工程的、以需求为导向的绿色建筑 BIM 综合运营平台。

2018 年，作者有幸作为项目负责人，组织由上海市建筑科学研究院有限公司牵头的国内从事绿色建筑和 BIM 技术的"产学研用"十四家领军单位，联合申报承担了科技部"十三五"国家重点研发计划项目"基于 BIM 的绿色建筑运营优化关键技术研发"（2018YFC0705900），目标正是直面上述三大关键问题，通过联合攻关形成支撑绿色建筑运营期 BIM 技术应用的系统解决方案和科技成果应用示范。

春华秋实！值此收获季节，本书基于对项目创新成果的系统总结，从工程应用的实景化视角，凝练了代表绿色建筑运营期数字化创新实践典范的 15 个示范工程案例编写而成。

在开篇"项目综述"之后，通过"BIM 运营数字字典及设备设施模型开发""BIM 场景下的能源和环境调控技术""功能导向的绿色建筑 BIM 运营平台集成"三个篇章，循序渐进地阐释了绿色建筑运营期 BIM 应用关键技术内核、平台工具和典型工程解决方案。每章又先将相关科技成果进行概括综述，随后展现若干典型示范案例，尽可能具象、翔实地展示科技成果在支撑绿色建筑运营期提质增效的应用方式和实施效果，以求更好地为读者提供学以致用、普及推广的解决方案范本，为不同类型绿色建筑在运营期提升管理效能提供实操策略导向和实践应用指南。

感谢本书所有参编人员和 15 个典型工程所有参与方的大力支持和智慧经验分享。随着中国向世界做出"力争 2030 年前二氧化碳排放达到峰值、努力争取 2060 年前实现碳中和"的庄严承诺，建筑领域的绿色低碳路径实施、科技创新深化应用对于我国政府落实"双碳"目标至关重要。通过智慧工具赋能绿色运行，采用 BIM 可视化管理平台、人工智能算法、深度数据挖掘等方法进一步提升绿色建筑终端用能产品和设备系统的能效水平，将是未来存量建筑实现节能低碳运行的重要任务，建筑业的绿色低碳发展和数字化转型任重道远，未来绿色建筑运营期 BIM 技术应用尚待进一步系统研发和规模化完善提升，故此本书执笔过程中难免有偏颇、局限或错漏之处，衷心希望业界同仁和读者朋友给予批评指正。

"十三五"国家重点研发计划项目
"基于 BIM 的绿色建筑运营优化关键技术研发"
项目负责人　韩继红
上海市建筑科学研究院有限公司
2021.6.30

目　录

第一章 项目综述

扫一扫即可浏览
本章高清图片

一、项目背景

绿色建筑，即在全寿命期内、节约资源、保护环境、减少污染，为人们提供健康、适用、高效的使用空间，最大限度地实现人与自然和谐共生的高质量建筑。随着国内绿色建筑从规模化发展进入高质量提升阶段，通过信息化新工具赋能传统运营模式实现运营期数字化管理，促进绿色运行性能提升，成为绿色建筑在新发展态势下的迫切需求。

BIM 作为多维模型信息集成技术，可实现建筑设计、建设、使用全过程数据和信息共享，为建筑性能优化和科学管理提供有效支撑，是建筑运营期数字化管理的有效工具。然而，目前 BIM 应用于绿色建筑运营领域尚在起步探索阶段，存在以下关键问题。

关键问题一：运营的 BIM 数据的获取、存储、传递的方法和标准缺失

国内现有的设施设备 BIM 模型库不能满足使用绿色建筑运营模型需求以及绿色建筑运营成本预测和控制需求，BIM 设计模型或竣工模型到运营模型转化的轻量化处理的标准和方法论尚不完备，竣工数字化交付 BIM 模型的信息提取、既有绿色建筑运营 BIM 快速和精确建模方法、既有建筑运营 BIM 模型翻建经济性问题和运营模型精细化要求与硬件资源之间仍存在矛盾。

关键问题二：基于 BIM 的绿色建筑运营管控技术、方法和配套工具缺失

BIM 运营数据及相关联数据的能源、资源、碳排放的数理模型亟待建立，基于 BIM 的建筑热工自动分区和建模软件方法缺失，建筑运行阶段能耗预测不确定性和人员行为不确定性对建筑优化运营存在影响；常规基于客观采集数据的建筑运营管理实际功效与建筑使用者的主观满意度仍存在偏离，缺乏结合建筑空间属性的满意度描述模型和基于人员满意度的建筑运营成本评价方法来指导与满意度相关的建筑系统进行动态运行。

关键问题三：兼具整合服务和分项优选能力的 BIM 运营优化平台尚不成熟

尽管建筑运营管理系统已经充分发展，但结合 BIM 进行多系统融合（机电控制、能源资源监测）的平台尚不成熟，运营过程中的多源异构数据集成、动态协调建筑内多个子系统的方法以及成型的软件平台还处于探索发展阶段；此外，不同类型建筑的运营核心需求差异巨大，既能满足建筑运营共性需求同时也包含特色化针对性模块的平台研发还没有形成成套软硬件产品，需要开发能融合共性需求和特色需求的模块，并使其具有通用接口，方可在不同类型项目中具备自适应运营能力。

面对上述问题，充分挖掘 BIM 对绿色建筑运营管理的支撑价值、研发急需的核心技术和工具方法、实现运营期多专业协同和精细化管理是提升绿色建筑运行实效的重点突破

方向。

　　"十三五"国家重点研发计划"绿色建筑及建筑工业化"专项"基于 BIM 的绿色建筑运营优化关键技术研发"项目（2018YFC0705900）的设置恰逢其时。该项目旨在为绿色建筑运营管理提供基于 BIM 的核心技术和平台工具，通过 BIM 运营模型标准化和模型库提供基础数据源，开发融合主观满意度的前馈式能源环境性能优化和控制关键技术，并建立需求导向的绿色建筑 BIM 综合运营管控平台以实现基于数据流的运营性能优化及成本精准控制，最终实现提升绿色建筑运营质量、减少能源资源消耗的目的，为全面提升绿色建筑运营质量提供技术支撑。

　　项目负责人为绿色建筑领域知名学者、上海市建筑科学研究院有限公司首席专家韩继红博士，研究团队由上海市建筑科学研究院有限公司牵头，联合住房和城乡建设部科技与产业化发展中心、中国建筑科学研究院有限公司、中国建筑股份有限公司、博锐尚格科技股份有限公司、同济大学、上海建科造价咨询有限公司、中国建筑标准设计研究院有限公司、北京毕加索智能科技有限公司、大连理工大学、广联达科技股份有限公司、北京工业大学、中科院建筑设计研究院有限公司等 14 家在绿色建筑和 BIM 领域具有核心优势的单位共同组成，形成"产 - 学 - 研 - 用"优势互补力量。

　　项目以实现绿色建筑运营系统性能和管理流程优化为目标，沿着"模型标准→关键技术→平台开发→工程示范"的研究思路，设立六个课题平行开展研发：课题一"绿色建筑运营设施设备 BIM 模型库、模型标准及成本控制技术"，承担单位为住房和城乡建设部科技与产业化发展中心；课题二"绿色建筑 BIM 运营模型构建和质量评价技术"，承担单位为博锐尚格科技股份有限公司；课题三"目标控制的前馈式绿色建筑运营管控技术"，承担单位为同济大学；课题四"人员满意度导向的绿色建筑环境性能动态调控技术"，承担单位为中国建筑股份有限公司技术中心；课题五"基于 BIM 的绿色建筑运营管理系统融合技术"，承担单位为中国建筑科学研究院有限公司；课题六"需求导向的绿色建筑 BIM 综合运营平台开发及示范"，承担单位为上海市建筑科学研究院有限公司。

　　各课题研究内容层层递进，相互补充与支撑，形成了有机关联的完整研究体系。其中，课题一和课题二是源头侧研究，重点关注数据的获取、加工和存储技术；课题三和课题四重点关注数据的应用技术方法论和相应软件工具的开发；课题五和课题六重点基于前述成果进行系统集成和平台开发，其中，课题五重点基于绿色建筑运营期的共性需求开发通用系统模块并进行系统融合，课题六则针对典型建筑业态进行运营管理平台开发、优化管控核心模块研发及工程应用。

　　项目内部的逻辑关系及相互支撑作用如图 1-1 所示。

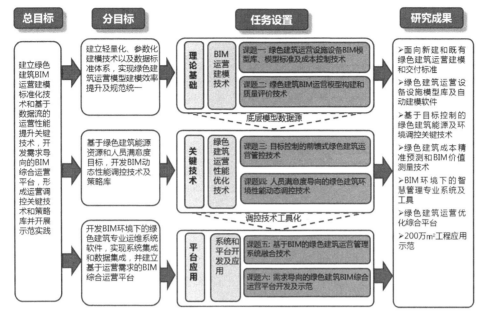

图 1-1 项目课题分解逻辑图

二、项目主要研发内容

针对 BIM 应用于绿色建筑运营领域的"三大关键问题",项目具体开展了如下研究攻关:

1. 针对"运营的 BIM 数据的获取、存储、传递的方法和标准缺失",项目重点从绿色建筑 BIM 运营设备设施模型库、模型标准、BIM 运营模型整体构建技术和成本精准预测技术等方向开展了研究。

1)面向绿色建筑 BIM 运营的设备设施模型库以及模型标准。主要研究:① 绿色建筑设施设备信息模型表达深度、建模规则、数据格式和存储等内容,开发设施设备模型库系统;研究设施设备 BIM 模型快速创建与优化技术,开发自动化建模软件;② 设施设备分类编码标准和运营模型交付标准;③ 建立基于 BIM 的绿色建筑运营成本精准预测及控制技术,以及运营阶段应用 BIM 技术对于绿色建筑的价值增益测量指标体系。

2)运营 BIM 模型轻量化技术及数据采集技术。主要研究:① 绿色建筑模型轻量化技术,包括 BIM 模型集成处理、云端轻量化处理转换、数据存储及管理、模型轻量化快速加载及显示渲染等;② 既有绿色建筑 BIM 快速化建模技术,包括三维激光扫描辅助建模、既有图纸自动化建模以及 BIM 快速建模系统开发;③ BIM 数据字典体系,通过绿色建筑运营阶段 BIM 模型的建模技术和标准化流程研究,建立数据分类和编码标准以及模型交付标准,以此作为绿色建筑运营阶段 BIM 模型统一数据底层标准。

2. 针对"基于 BIM 的绿色建筑运营管控技术、方法和配套工具缺失",项目重点从绿色建筑目标导向的前馈式控制技术以及融合人员满意度的环境性能动态调控技术两个方向开展研究。

1)基于总量目标控制的绿色建筑动态运行控制技术。主要研究:① 构建基于 BIM 的能耗预测模型，采用建筑大数据对模型进行自动校验；② 从移动终端获取、标定和整理人流数据，进行室内人流时空分布刻画；③ 将人流数据引入预测模型，开发在线运营管理优化软件，在多个绿色建筑示范项目中应用并验证效果。

2）人员满意度为导向的绿色建筑环境动态调控技术。主要研究：① 多维度且具备空间属性的满意度评价模型和评价方法；② 以人员满意度为导向的建筑运营成本快速计算和评价方法；③ 面向满意度分项评价指标（热、光环境、空气品质）的优化控制技术；④ 以满意度指标和运营成本目标评价为导向的系统运营管理方法。

3. 针对"兼具整合服务和分项优选能力的 BIM 运营优化平台尚不成熟"，项目重点从绿色建筑运营 BIM 平台多系统融合技术以及需求导向的 BIM 综合运营平台两个方向开展研究。

1）基于 BIM 的绿色建筑运营管理系统融合技术。主要研究：① 绿色建筑运营中多源异构数据集成技术和多系统融合技术；② 基于环境感知的建筑能效优化、智能建筑电能优化和协调优化控制方法；③ 结合 BIM、GIS、物联网、云计算和智能控制技术，建立基于 BIM 的绿色建筑运营智慧管理系统框架，开发基于 BIM 的设备设施管理系统、物业管理系统和能耗监测系统，通过系统整合和示范工程实现基于 BIM 的绿色建筑运营智慧管理集成化应用。

2）需求导向的绿色建筑 BIM 综合运营平台开发。主要研究：① 建立绿色建筑运营多维度需求与 BIM 技术关联矩阵，形成绿色建筑 BIM 综合运管平台基础框架；② 基于典型绿色建筑运营核心功能建立指标赋值，开发面向典型建筑类型（办公、商业和园区）的成套化 BIM 综合运营平台；③ 建立基于数据流的绿色建筑运营监控和优化流程，开发动态调控方法策略库并进行工程示范。

三、项目形成的重要成果

通过历时三年的联合攻关，项目组针对上述"三大关键问题"，从底层数据标准化到平台应用集成，建立了面向绿色建筑运营管理的基于 BIM 的成套核心技术和平台工具，如图 1-2 所示。

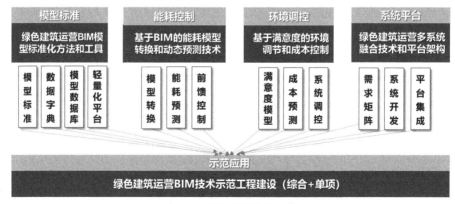

图 1-2 项目重要成果一览

上述成果可进一步归纳总结为以下三大方面：

1. BIM 运营数据字典及设备设施模型开发

系统建立了面向绿色建筑运营的设备设施分类编码标准、模型信息标准及交付标准，研发了运营 BIM 模型的数据字典体系，构建了绿色建筑设备设施模型数据库及模型优化软件，开发了具有通用性的 BIM 竣工模型轻量化平台，解决了目前针对运营期 BIM 数据的创建、存储、获取、传递、展示的方法和标准缺失的关键问题，为 BIM 应用于绿色建筑运营阶段提供了统一的底层数据与标准。

2. BIM 场景下的能源和环境调控技术

系统建立了基于 BIM 的建筑热工模型自动构建和动态能耗预测技术。针对建筑能耗建模过程中复杂、重复劳动多的问题，开发了基于 BIM 的热工模型自动构建算法，实现建筑能耗模型自动构建；结合不同类型建筑人流数据特征及建筑能耗数据，建立了具备普适性的建筑能耗混合预测模型，提出了基于模型预测的空调系统前馈控制方法，可较好地维持室内舒适度并实现建筑能耗降低的目标。

通过对不同气候区、不同类型建筑的调研，基于大量样本解析满意度指标内涵，建立了满意度影响因子参数化特征库，构建了融合空间属性的分项满意度参数模型和融合满意度指标的绿色建筑运营成本预测方法；提出基于满意度和系统能耗双目标优化的新风调控、照明调控等新型系统调控方法。

3. 功能导向的绿色建筑 BIM 运营平台集成

针对多类型绿色建筑的运营期差异化需求，建立了需求矩阵和 BIM 关联模型；基于多源异构数据融合构建了基于 BIM 的绿色建筑运营管理系统，包含能耗管理、设备设施管理、物业管理等核心功能，实现绿色建筑运营系统集成应用；建立基于功能地图的绿色建筑 BIM 运营平台框架，完成了面向办公、商业和园区的需求导向的综合 BIM 运营平台开发。

在项目实施过程中，按照地域气候覆盖性、建筑类别代表性、绿色技术差异性等原则，共计完成了 24 项示范工程建设（图 1-3），其中包含 6 项综合示范工程，涉及办公类、商业类、园区类，其中亦包括上海中心大厦、江苏武进维绿大厦、北京丽泽 SOHO 等国内知名工程项目。

本书主要内容就是在"十三五"重点研发计划项目"基于 BIM 的绿色建筑运营优化关键技术研发"研究基础上，总结了"BIM 运营数字字典及设备设施模型开发""BIM 场景下的能源和环境调控技术""功能导向的绿色建筑 BIM 运营平台集成"三个篇章的代表性技术成果和相关 15 个典型示范工程编写而成。

以工程应用和实景化的视角，尽可能具象、翔实地展示科技成果在支撑绿色建筑运营期提质增效的应用方式和实施效果，以求为不同类型绿色建筑在运营期提升管理效能提供实操策略导向和实践应用指南。

图 1-3　项目示范工程一览

第二章　BIM 运营数字字典及设备设施模型开发

运营期 BIM 数据的创建、存储、获取、传递、展示是绿色建筑实现数字化运营管理的基础。我国从"十二五"起开始编制建筑工程信息模型分类、编码、交付标准等，但主要面向设计施工阶段，运营期 BIM 技术应用尚存在标准不统一和底层模型源共享不足等问题。

扫一扫即可浏览本章高清图片

针对现有 BIM 数据标准多局限于设计建造阶段且各自独立的现状，项目团队以建筑运营阶段的逻辑和数据作为核心需求，从语义层面对建筑运营相关数据进行标准化定义和分类体系建设，继而形成统一的建筑数字化运维数据标准，即 BIM 运营数据字典。数据字典覆盖对象、关系和属性三种范式，定义了建筑空间类对象 7 类、设备设施类对象 368 类等，并赋予每类对象属性不少于 20 条、对象间关系类型 40 余类（图 2-1）。此项成果为建筑数字化运维阶段相关的 IT 集成、数据应用、诊断分析等工作提供了基础性支撑作用，同时帮助建筑不同组织方共享数据、统一认知、提高效率。

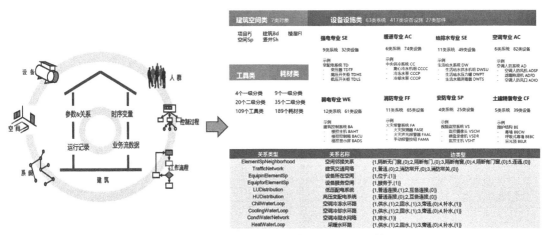

图 2-1　面向绿色建筑运营 BIM 建模的数据字典体系框架

设备设施主要指保证建筑物正常运行所需要的运行设备以及运行辅助设备。基于对绿色建筑运营性能和设施设备管理需求解析，在现行 BIM 设备设施模型国家标准的基础上，进一步生成 23 个绿色建筑运营相关设施设备分类表，将 BIM 模型与多种数据承载方式结合，明确了绿色建筑设施设备模型的交付准则。项目团队还自主开发了匹配运营需求的绿色建筑 BIM 设施设备模型库（图 2-2）以及模型自动创建和优化工具，实现了同步 Revit 等建模软件的数据库应用插件开发，并完成标准化设施设备模型入库 5000 个，可大幅提升运营 BIM 模型的建模效率。

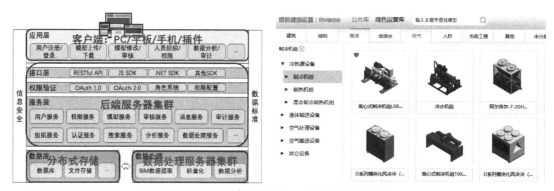

图 2-2　绿色建筑运营 BIM 设施设备模型库

　　针对既有 BIM 竣工模型向运营模型传递过程中的适配和转换技术需求，项目团队完成了绿色建筑 BIM 运营模型轻量化平台的模块架构和数据架构（图 2-3），并完成转换引擎、显示引擎、数据引擎等关键技术模块研发，可实现模型转换轻量化率 80% 以上；通过绿色建筑构件族库的创建实现各类相关构件的参数化建模，并建立了基于模型信息准确性、模型自动化程度、图形信息存在形式和描述空间关系能力的绿色建筑 BIM 运营模型参数化快速建模质量评价体系。项目自主研发的 BIM 轻量化技术支持多种行业主流的 BIM 文件格式，通过开放 600 余个 API 接口，可满足不同行业和业务应用开发需求，有望实现建筑竣工交付 BIM 模型到运营 BIM 模型的有效传递和适配转换，在应对大模型的处理能力方面有望超越国外领先企业如 Autodesk 公司，提升国内企业的技术创新能力。

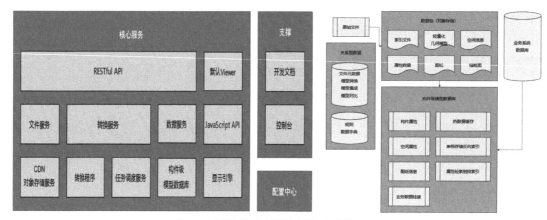

图 2-3　轻量化平台模块架构和数据架构

　　本章以 4 个工程案例，直观展示面向绿色建筑运营的分类编码、模型信息、交付等成套技术标准及数据字典体系，以及绿色建筑 BIM 设备设施模型库和优化软件工具。其中，天津周大福金融中心主要示范应用了绿色建筑 BIM 设备设施模型库，中信银行信息技术研发基地主要示范应用了 BIM 设施设备快速建模和模型优化技术，徐州苏宁广场示范了 BIM 运营数字字典在商业综合体的应用，嘉铭·东枫产业园重点示范应用了 BIM 运维模型轻量化关键技术。

案例 1　天津周大福金融中心

项目名称：天津周大福金融中心

建设地点：天津市经济技术开发第一大街与新城西路交口

占地面积：2.8 万 m^2

建筑面积：39 万 m^2

竣工时间：2019 年 8 月 29 日

获奖情况：

1. 中国二星级绿色建筑设计标识

2. LEED 金级认证

3. 住建部绿色施工科技示范工程

4. 中国钢结构金奖杰出工程大奖

5. 上海市建筑学会商业建筑设计金奖

6. 第六届地产设计大奖金奖——商业建筑

7. AEC 全球工程建设业卓越 BIM 大赛施工组第一名

8. BIM 荣誉白金级认证

扫一扫即可浏览
本章高清图片

一、项目概况

　　天津周大福金融中心工程位于天津市滨海新区核心区，用地面积 2.8 万 m^2，总建筑面积约 39 万 m^2，涵盖精品商业、甲级办公、酒店式公寓和五星级酒店等多种业态（图 2-4、图 2-5）。项目已于 2019 年 8 月竣工，其中塔楼地上 100 层，建筑高度 530m，是已建成投用的世界第七高楼。

　　作为超高层建筑，本项目在建筑设计中充分融入可持续设计理念。外立面起伏的曲线设计，在巧妙体现大楼多个业态功能空间组成元素的同时，也十分符合空气动力学，可以帮助减少高区外部空气涡旋现象，进而最大限度地降低风荷载。主楼外立面采用 Low-E 钢化中空玻璃为主的高性能幕墙系统，在多个楼层策略性地设置通风口，使之具备自然通风的可调节性。

　　大厦冷源系统采用高效水冷离心式冷水机组，过渡季节办公、商业等场所的全空气系统采用加大新风量运行的方式，塔楼办公、酒店、酒店式公寓采用带热回收装置的新风机组；办公、酒店部分可根据末端房间温度，用变频水泵调节空调水系统的流量，以省电节能。

　　变配电所及电气竖井靠近负荷中心，以缩短电缆或母线的长度，减少在电气线路上的电能损耗；照明灯具均采用节能型产品，楼梯间及前室采用移动感应开关，公共照明采用楼宇集中控制；电梯、自动扶梯具有节能拖动及节能控制功能，电梯具有休眠状态及群控等节能控制措施。

图 2-4　天津周大福金融中心日景

图 2-5　天津周大福金融中心夜景

生活给水及中水水泵采用变频调速泵组，配置小流量水泵和小型气压罐用于夜间供水；热交换器选用蓄热节能型产品，控制酒店及公寓生活用热水供水温度，并根据热水供应需求情况和系统水温对热水循环泵进行自动控制。

本项目通过大量采用绿色节能设计、绿色施工和智慧建造技术，实现了建造过程的实体绿色、本质绿色，"五节一环保"实施效果显著。

二、设备设施运维管理需求

天津周大福金融中心作为超高层城市综合体，机电系统繁多，设备种类数量巨大。后期运营过程中，根据业主需求拟建立 BIM 综合运营平台，其中设施设备建模工作纷繁复杂，需要实施方建立标准化建模流程，提高建模精度和效率。另外，由于项目业态多、系统全，覆盖高层建筑中常见的设备设施，借由本项目开发一套具备通用性的绿色建筑设备设施模型库并实现云共享，既有助于项目自身在平台维护过程中实现对设施设备模型的反复调用，同时也可为其他项目提供开放共享平台。

本项目通过调研分析，识别符合绿色建筑运营要求的设施设备相关数据信息，建立针对天津周大福金融中心的绿色建筑运营设施设备 BIM 模型库（图 2-6），实现模型高效轻量化上传、存储、提取及应用，提升项目建模效率，满足项目运营需求。

图 2-6　天津周大福金融中心绿色建筑运营设施设备 BIM 模型库

三、主要创新成果——设施设备 BIM 模型库

1. 模型库简介

本项目中开发的设施设备 BIM 模型库架构，分为数据层、服务层、接口层和应用层四个层次，如图 2-7 所示。

数据层：包括数据存储与数据处理两部分，数据存储包括文件存储和业务数据存储，数据处理则包括对 BIM 设施设备模型的轻量化与信息提取。

服务层：BIM 数据库的核心业务模块，包括用户注册登录、权限配置与验证、组织机构管理、模型的上传下载、模型的搜索收藏、模型审核、数据分析、消息通知等。

接口层：主要为各客户端提供接口，同时也可用于与其他系统对接。

应用层：面向用户的界面，主要包括网页端和 BIM 软件插件端。

2. 模型库基本功能

本项目在建设阶段采取"全员、全专业、全过程"的 BIM 协同应用，覆盖图审、深化设计、虚拟样板、虚拟预拼装、智能加工、方案模拟、4D 工期、可视化交底与验收等环节。在项目实施中，已积累了大量设施设备 BIM 模型（以施工模型为主），为运维库的开发奠定了良好基础。

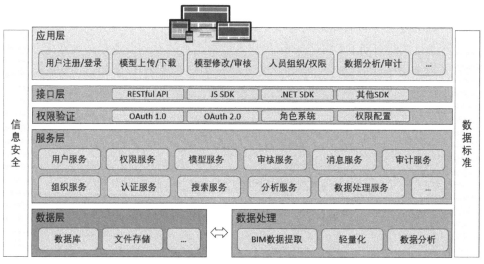

图 2-7　模型库系统架构

在本次模型库开发过程中，示范应用单位提供项目设施设备产品信息表（厂家、品牌、数量等）等资料，重新梳理业主及物业方对产品模型精度、性能参数及挂接文档的需求，编制设施设备产品分类表，见表 2-1。

绿色建筑运营设施设备分类编码表（节选）表 2-1

类目编码	类目中文	类目英文
30-44.00.00	空调	air conditioning
30-44.10.00	组合式空调机组	combined type air conditioning unit
30-44.10.10	立式空调机组	vertical air conditioning unit
30-44.10.20	卧式空调机组	horizontal air conditioning unit
30-44.15.00	普通单元式空调机组	general air conditioning units
30-44.20.00	专用单元式空调机组	dedicated air conditioning units
30-44.20.10	恒温恒湿空调机组	constant temperature humidity unit
30-44.20.20	机房专用空调机组	computer-room air conditioner
30-44.25.00	多联式空调机	multi-connected air conditioning unit
30-44.25.10	变频多联式空调机	inverter-driven multi-connected air conditioning unit
30-44.25.10.10	风冷变频多联式空调机	air cooled inverter-driven multi-connected air conditioning unit
30-44.25.10.20	水冷变频多联式空调机	water cooled inverter-driven multi-connected air conditioning unit
30-44.25.20	数码涡旋多联式空调机	digital variable multi-connected air conditioning unit

进一步地，以通风空调设备为例，分通用参数、专用参数两大类，梳理确定设备运营模型参数表，见表 2-2。

表 2-2

通风空调设备运营模型参数表（节选）

LOD500 模型信息录入清单

大机房信息录入清单

B3 层制冷主机机房／L45 冷却器机房／L71M 层冷却器机房

专业	设备类型	通用参数				专用参数					
		设备名称	制造商／产地	服务区域	规格型号／设备编号／型号						
AC	制冷主机	设备名称	制造商／产地	服务区域	规格型号	制冷量	散热量	电机功率	电机转速	能效比COP	设备维修手册／设备产品资料／说明书
AC	水泵	设备名称	制造商／产地	服务区域	设备编号	水泵流量	电机功率	电机转速	水泵扬程	水泵效率	设备维修手册／设备产品资料／说明书
AC	新风	设备名称	制造商／产地	服务区域	设备编号	新风量	电机功率	风机总效	风机总静压	总风量／制冷负荷／总供热／选型	设备产品资料／说明书
AC	普通通风机	设备名称	制造商／产地	服务区域	设备编号	电机功率	电机转速	风机总效	选型静压	总风量	设备维修手册／设备产品资料／说明书
AC	蝶阀	设备名称	制造商／产地	服务区域	设备编号	材质	口径尺寸	介质	工作温度	工作压力	设备维修手册／设备产品资料／说明书
AC	截止阀	设备名称	制造商／产地	服务区域	型号	材质	口径尺寸	介质	工作温度	工作压力	设备维修手册／设备产品资料／说明书
AC	闸阀	设备名称	制造商／产地	服务区域	型号	材质	口径尺寸	介质	工作温度	工作压力	设备维修手册／设备产品资料／说明书
AC	平衡阀	设备名称	制造商／产地	服务区域	型号	材质	口径尺寸	介质	工作温度	工作压力	设备维修手册／设备产品资料／说明书
AC	电动调节蝶阀	设备名称	制造商／产地	服务区域	型号	材质	口径尺寸	介质	工作温度	工作压力	设备维修手册／设备产品资料／说明书
AC	电动开关蝶阀	设备名称	制造商／产地	服务区域	型号	材质	口径尺寸	介质	工作温度	工作压力	设备维修手册／设备产品资料／说明书
AC	两通电动调节阀	设备名称	制造商／产地	服务区域	型号	材质	口径尺寸	介质	工作温度	工作压力	设备维修手册／设备产品资料／说明书
AC	双调节阀	设备名称	制造商／产地	服务区域	型号	材质	口径尺寸	介质	工作温度	工作压力	设备维修手册／设备产品资料／说明书

依据各方对模型库提供服务的需求，确定模型库功能。绿色建筑 BIM 运维设施设备模型库的基本功能应包括模型的上传、下载、搜索、浏览、收藏等，如图 2-8 所示。

模型库	模型上传	模型管理	人员管理		统计分析	操作记录
模型分类	模型分类	模型分类	人员组织机构 ⊙③		模型相关操作总体统计 ⊙③	模型操作记录 ⊙⑤
	模型搜索	模型搜索	添加人员			
模型搜索	模型列表 ⊙⑤	模型列表 ⊙①	导入人员			
	模型状态过滤		人员搜索		模型相关操作分项统计 ⊙①	分类操作记录 ⊙③
模型列表 ⊙①	模型上传	模型状态过滤				
	模型上传列表	模型审核	人员列表 人员详情 ⊙④			

图 2-8　模型库系统功能

选取部分核心功能说明如下：

（1）模型分类管理。可以创建、修改、删除分类，并将设施设备 BIM 模型标准编码绑定到平台之中。例如，"冷、热源 / 单元式热水设备"分类对应的编码为"30-40.15.00"（图 2-9）。

（2）人员与组织管理和权限管理。通过"人员管理"菜单可方便添加人员，并将人员分配到不同的组织中，可以是项目组织或课题组织等。每一个组织有权限设置，主要权限分为总管理员、系统管理员、业务管理员。

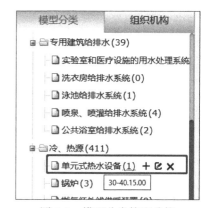

图 2-9　模型分类管理功能

（3）模型审核。对上传的模型进行审核，包括模型分类是否正确、信息是否合乎规范、是否与生产厂家数据一致等，确保模型质量（图 2-10）。

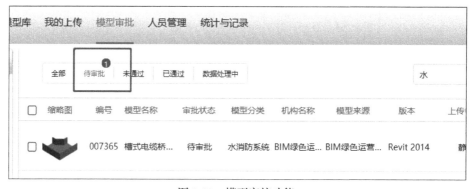

图 2-10　模型审核功能

（4）数据审计。确保数据修改有据可查，以及确保数据的修改是安全与可追溯的（图 2-11）。

（5）数据分析。统计整体的模型使用数据，以便完善系统功能与数据库内容，更好地为绿色运营服务（图 2-12）。

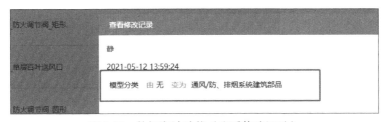

图 2-11　数据审计功能（查看修改记录）

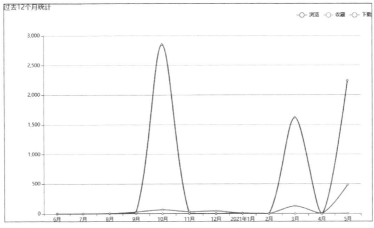

图 2-12　数据分析功能

（6）BIM 模型库插件。这个功能主要方便设计师在 BIM 软件中直接使用数据库中的资源。

（7）提供相关的接口。基于 HTTP RESTful 规范，其他系统可以很方便地集成，可以直接使用 HTTP 请求，也可以使用模型库提供的 JavaScript 或 C#SDK。

（8）其他功能，如消息通知、错误警告等，提升用户体验。

在模型库平台搭建完成之后，具体设施设备 BIM 模型的创建则需要通过与示范应用单位、业主及物业方、设施设备厂商对接，收集整理建模资料，根据需求分析创建相对应的设施设备 BIM 模型（图 2-13）。

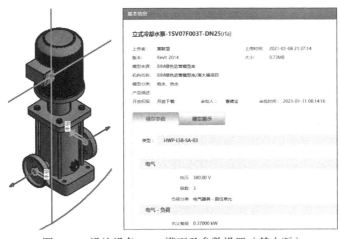

图 2-13　设施设备 BIM 模型及参数设置（某水泵）

3. 模型库应用方式

首先，登录绿色运营设施设备 BIM 模型库，点击上方"我的上传"菜单，在左侧组织机构中，选择对应项目，代表即将上传的模型归属于该项目（图 2-14）。

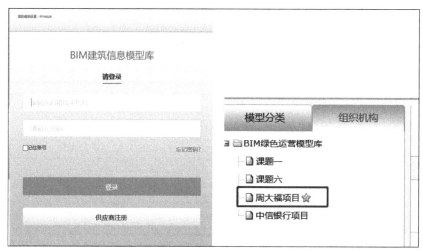

图 2-14 登录界面和项目选择
（https://company.cnbimdb.com/vip/greenbuilding）

切换至"模型分类"，选择即将上传模型的所属分类——"配供电" > "变压器"（图 2-15）。如未选择分类，则会提示"未选择分类"。

图 2-15 选择模型分类

选择好分类之后，点击"上传"。在弹出框中选择一个或多个变压器模型，并点击"打开"按钮，文件开始上传，右下方将显示正在上传的文件列表和上传进度（图 2-16）。

等待后台模型数据分析、检查与审核。如数据有问题（如无法载入至项目中、没有连接件、无法提取几何信息等），系统会提示模型处理失败，并提示失败原因（图 2-17）。

如模型自动检查无误，则进入人工审核阶段。若模型缺少必要参数，管理员在人工审核时可直接驳回（图 2-18）；如审核被驳回，上传人收到驳回通知后可修改模型并重新上传。

对于模型存在的局部问题，可以应用项目团队自主开发的"模型优化工具"对原模型进行优化，包括自动添加缺少的参数以及其他相应的更新操作，使其符合入库标准（图 2-19）。

图 2-16　选择模型并上传

图 2-17　后台数据分析结果

图 2-18　管理员审核模型

图 2-19　模型优化软件对设备设施模型进行自动修复

待参数以及参数值均准备完毕之后，可再次上传模型。管理员对模型再次审核，如不符合标准可再次驳回，直至最终模型无误，审核通过。审核通过之后，模型即可共享，其他用户可通过网页或插件进行下载使用。

建模人员可通过网页、插件进行模型浏览及下载。通过网页，可查看模型信息与三维形状等，点击"下载"按钮即可进行下载，下载完成后载入项目中即可使用（图 2-20）。

图 2-20　模型详情展示与下载

绿色建筑运维设施设备模型库的另一种使用方法是通过插件。安装插件之后，可在 Revit 附加模块菜单中看到绿色运营模型库，点击即可启动插件。插件主界面中的左侧为分类树，上方中间的搜索栏可进行搜索，右侧为模型展示区，双击任一模型可查看模型的详细信息（图 2-21）。鼠标停放在需要使用的模型处，出现"布置"按钮，点击放置，可进入放置模型状态，再次点击鼠标可在 Revit 中完成模型的下载与放置操作（图 2-22）。

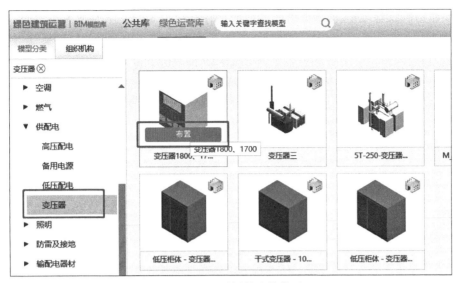

图 2-21　通过插件查找模型

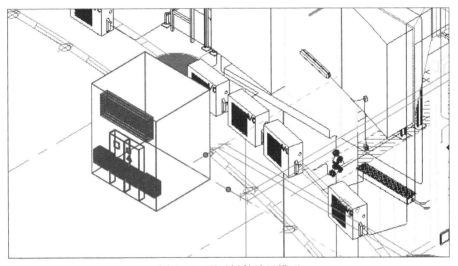

图 2-22　通过插件放置模型

4. 模型库与 BIM 运维系统的对接

设施设备 BIM 模型按照定义好的分类编码体系与数据交换标准建立，具有很好的对接建筑 BIM 运营系统的条件。

本项目开发的模型库与绿色运维系统有以下几种交互方式：

（1）利用中间件，如能耗分析可以导出为中间的 gbXML 格式，再导入到其他分析软件中。

（2）通过数据交换中间格式（如 COBie 标准下的电子表格），其优点是可以实现自动化，且允许人工干预。

（3）在 BIM 软件和运维软件进行二次开发时直接进行数据交换，通过提供开放接口，可以被任意运维软件调取。

本项目中的设施设备 BIM 模型库开放应用程序接口（API），从而使得设施设备信息可被实时访问。模型库系统的核心模块是后端服务器，其在用户侧对接网页端与插件端，在数据侧对接模型库与 BIM 服务器。基于 HTTP 的 RESTful API 设计是最常用且较标准的方式，由于访问的资源相同，可以对网页端和插件端采用统一的 RESTful 接口，对网页端基于 RESTful 接口进一步提供 JS SDK，对插件端提供 .NET SDK，从而降低使用门槛、提升开发效率。针对 BIM 服务器，则仅提供私有的 RESTful 接口和 Web Socket 接口，确保网络服务安全（图 2-23）。

图 2-23　模型库与 BIM 服务器的接口设计

四、应用效果和推广价值

目前，国内尚没有针对绿色建筑运营的设施设备 BIM 模型库，且存在模型标准不统一、建模效率及模型使用率低下的问题。本项目示范应用的模型库在设施设备分类编码标准及模型交付标准的基础上建立，且所含模型均为真实产品模型，模型精度及参数完整度满足绿色建筑运营需求（图 2-24）。

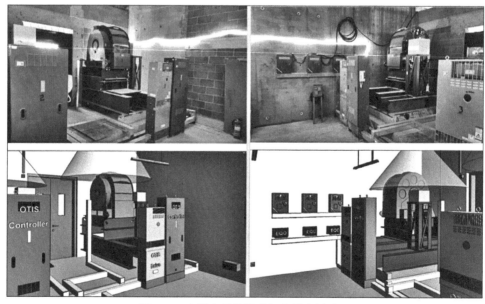

图 2-24　电梯曳引机模型与实景应用对比

在天津周大福金融中心工程中，绿色建筑运营相关的设施设备 BIM 模型共 9262 个，其中 1455 个来源于 BIM 模型库直接调用，模型库使用率 15.7%，分类覆盖率达 75%，大大提高了项目建模效率，降低了 BIM 技术应用成本，提升了数据的可用性、重用性与准确性。

绿色建筑运营设施设备 BIM 模型库，为绿色建筑提供产品种类丰富、可扩展的设施设备模型，创新性地为绿色建筑运营模型的建立与优化提供基础性的数据服务，从基础上解决了建模效率低下、标准化程度不够的问题，大幅度提高了 BIM 建模效率，有利于提升绿色运营的精细度和管理手段，节约社会资源。

案例 2   中信银行信息技术研发基地

项目名称： 中信银行信息技术研发基地

建设地点： 北京市顺义区坤字路与白马路交叉口东南 150m

占地面积： 5.7 万 m^2

建筑面积： 17.9 万 m^2

竣工时间： 2021 年 6 月

获奖情况：

1. 北京市 2017—2018 年度结构长城杯金质奖工程

2. 全国建筑业绿色施工示范工程

3. 中国三星级绿色建筑设计标识

4. 第三届中国建设工程 BIM 大赛一等奖

扫一扫即可浏览
本章高清图片

一、项目概况

中信银行信息技术研发基地工程位于北京市顺义区，总建筑面积约 17.9 万 m^2，其中地上部分 10.47 万 m^2、地下部分 7.4 万 m^2（图 2-25）。作为中信银行在国内的第一座信息技术研发基地工程，承担着中信银行全国信息技术的数据运行、信息技术研发等核心功能，致力于打造行业领先、绿色环保、节能降耗、技术创新、质量创优的高品质精品工程。

项目定位于绿色建筑三星级标识，采用了多项绿色节能技术。在建筑节能方面，外墙采用玻璃幕墙与石材幕墙结合的幕墙系统，玻璃幕墙选用反射率不大于 0.3 的高透镀膜玻璃，结合建筑平面大开间办公空间设计，最大限度地将自然光作为采光的主要光源，并利用软件对建筑的热能、光照、太阳能辐射进行优化设计，为使用人员创造良好的工作和生活环境。

研发 A 楼中庭部位高大空间在冬季时采用地板采暖，降低温度梯度，提升人体体感舒适度。公共活动区域、宿舍、厨房等生活服务区域采用太阳能热水系统锅炉房高温热水辅热，为园区提供清洁、稳定、充足的生活热水（图 2-26）。此外，生产运营楼还应用了热回收及自然冷源利用技术。

图 2-25　中信银行信息技术研发基地鸟瞰图

图 2-26　地板采暖及太阳能系统

项目屋面及场地雨水收集后进入中水系统，经处理后用于车库地面冲洗、室内外绿化浇灌、道路浇洒、空调冷却塔补水等，提高水资源的再利用效率。

二、设备设施运维需求

本工程建筑功能包括办公、住宿、食堂、车库、数据中心，功能多样。机电系统包括太阳能集热系统、通风与空调及采暖系统、中水系统、雨水利用系统等30余项，设备系统较常规项目更为复杂。

1）太阳能集热系统。研发楼部分采用太阳能热水系统，太阳能热水供应系统主热源为太阳能，辅助热源为锅炉房高温热水。系统采用真空管型太阳能集热器、蓄热水箱、集热循环泵、预热循环泵、半容积式热交换器预热和辅热的热水供应系统。

2）暖通空调系统。冷热源采用温湿度独立控制系统，新风系统设置转轮式排风热回收装置，大会议室等典型房间放置 CO_2 浓度探头传感器，控制室内空气品质。全空气空调系统过渡季采用焓值控制，对于冬季及过渡季的供冷需求，通过冷却塔换冷供应，充分利用天然冷源。

3）雨水及中水系统。采取雨水汇集续存工艺和手段对雨水进行综合利用，包括采用雨水就地入渗与回收利用相结合的方式。地块内 4 个雨水排出口附近建设 3 个钢筋混凝土蓄水池以回收利用屋面雨水，各蓄水池收集的雨水经水泵提升至中水处理机房内对应的雨水处理设备进行处理。研发 A 楼地下二层设置中水水箱及供水系统，对雨水进行收集、处理与再利用。

项目依托绿色建筑运营设施设备 BIM 模型库，并通过平台对 BIM 模型数据的积累，实施建立企业 BIM 建筑信息模型库、建立 BIM 模型管理平台、固化模型上传和审核的流程，绿色建筑运营设施设备 BIM 模型库与企业模型库实现了"互联、互通、互相"的工作机制，形成了良好的 BIM 模型共享资源生态圈。

三、主要创新成果——BIM 设施设备快速建模和模型优化

1. BIM 构件模型快速建模和优化技术简介

本项技术在研究创建设施设备 BIM 模型流程的基础上，将各流程中的共性加以提取和规范，定义建模标准步骤并将其写入软件中。

将 CAD 图纸中的图层按照一定的规则定义好之后，识别图层中的图元，然后映射到 Revit 中的某类或某几类图元，同时将 CAD 中的尺寸等信息还原到 Revit 图元中，经过人工辅助操作，例如选择标高、指定图元类型等，进行精确匹配，最后生成对应的模型。模型生成之后，需要对其进行一定的调整以提高建模准确性。

考查当前手工创建 BIM 设施设备模型的流程，整体步骤包括 10 个阶段：① 收集数据；② 校验数据；③ 建模准备；④ 开始建模；⑤ 建立几何造型；⑥ 创建参数；⑦ 创建类型；⑧ 连接测试；⑨ 模型交付；⑩ 模型检验。

其中，步骤④～⑧可以做到流程优化、自动化或者半自动化，其他步骤无法自动化或暂不考虑自动化。

目前，国外已有针对模型进行检查或修正的工具，如 Autodesk 的 BIM Interoperability Tool 等，但此类工具尚存在一些缺陷，主要包括：① 主要面向建筑模型的检查，较少针对族模型；② 主要偏重于规范的检查，较少有优化功能；③ 模型修改多使用固定模式，缺少灵活性。

本项目自主开发的 BIM 设施设备模型优化的主要步骤可以分为以下四步：

（1）定义规范：定义模型应该符合的规范，由多条规则组成。

（2）选定文件：选定需要检查和优化的模型文件，可以是一个或多个。

（3）运行规范检查：对选定的模型进行对应的规范检查，并给出检查报告，标明哪些文件的哪些规范没有达到要求。

（4）模型优化：对没有达到规范要求的模型进行修复，以使模型达到规范。

在第一步中，指定检查的条件方面，使用特定领域语言（domain specific language，

23

DSL）的方式，即定义一种语言和创建相应的解析程序，用户通过文本方式使用规定的语法来编写检查条件，由解析程序对该文本进行解析并生成对应的执行程序，执行之后给出结果即完成了相应的规则检查。这种方式非常灵活，用户可根据语法规则自行定义任意多样性的优化配置规则，打破了使用界面定义规则时受限于有限规则的限制，而且操作更加灵活，配置反而更加方便简洁。

模型优化软件系统架构如图 2-27 所示，各部分的主要功能描述如下：

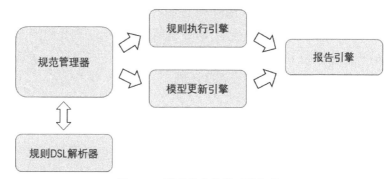

图 2-27　模型优化软件系统架构

（1）规范管理器负责创建规范、管理规则以及管理目标文件等。

（2）规则 DSL 解析器负责对规范的验证检查条件和模型修复方法 DSL 进行解析。

（3）规则执行引擎负责对模型按规则进行检查。

（4）模型更新引擎负责对模型按规则进行修正。

2. 本项目中模型优化技术的应用

中信银行信息技术研发基地项目的承建单位中信建设在以往项目中有不少构件模型沉淀，但数据主要应用还是在设计与施工阶段。为了提高已有模型的利用率，避免重新建模，可以对模型针对建筑运营阶段做深化，使得模型符合绿色运营系统的信息要求。

模型优化插件可以帮助项目快速将已有的项目模型进行标准化，模型优化的具体步骤如下：

打开项目文件，启动优化软件。在弹出的窗口中载入预先指定的标准，或自行创建模型标准，例如在分类"冷、热源／热泵"中，需要有"制冷输入功率""制热输入功率"等参数，则在软件中点击"添加规则"，添加规则的名称、描述等。验证目标选择"族参数"，类型选择"找到符合条件的目标对象"，条件输入 DSL 语言：t.Definition.Name==
"制冷输入功率"（图 2-28）。

指定模型优化的动作。优化类型选择"添加参数"，"相关参数"处点击弹出指定参数的窗口，在窗口中将指定参数名称为"制冷输入功率"，类型为"功率"，分组为"机械"，勾选"使用共享参数"，参数在项目中可见，且用户可修改（图 2-29）。

同样的步骤，创建其他参数，如"制热输入功率""制冷量"等（图 2-30）。

规范中所有规则创建完成之后，点击"下一步"，选择模型（图 2-31）。

若选择项目族，则插件会列出所有属于本项目中的族文件；若选择本地族，则可点击"添加文件"，将更多本地族文件添加至处理列表中，如图 2-32 所示。

图 2-28　模型优化软件中的规则编辑界面

图 2-29　模型优化软件中的参数编辑界面

图 2-30　模型优化软件中的规范定义界面

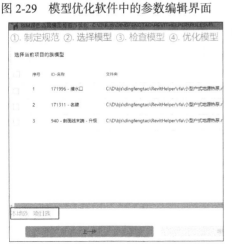

图 2-31　模型优化软件中的模型选择界面

图 2-32　模型优化软件中的本地族文件界面

选择完成之后，点击"运行检查"，插件将列出不符合规范的模型，点击"详细报告"可查看运行结果详情（图 2-33）。

点击"优化模型"则对不符合规范的模型进行自动优化（图 2-34）。

优化完成之后，可查看优化报告，对于大小为 500MB 的模型，整体耗时不超过 30min。

图 2-33　运行规范检查界面

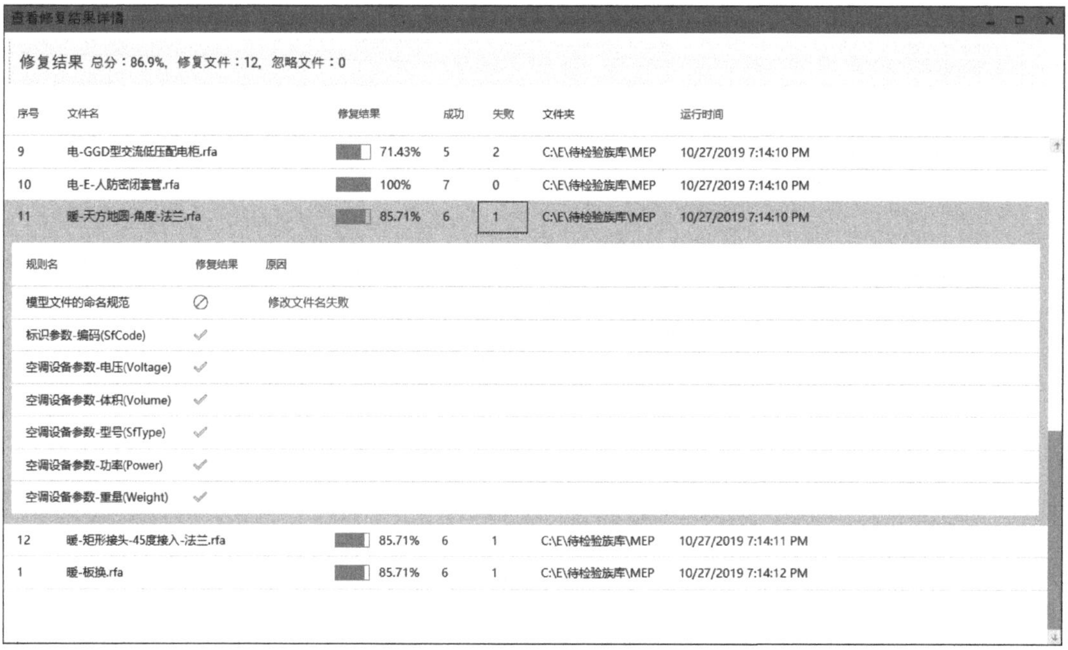

图 2-34　模型优化界面

四、应用效果和推广价值

绿色建筑设施设备模型库的运行为企业提供了可靠有效的 BIM 模型来源，明确了模型信息的标准规范，具有广泛的通用性、适用性，保证建设工程运维阶段调取模型及获取模型参数的方便快捷。同时，模型库对材料设备供应厂商提供产品模型或使用者自行建立模型均提出了明确要求，将对 BIM 模型标准化在行业中的推广应用起到重要作用。

在中信银行信息技术研发基地项目中，通过设施设备快速创建和优化工具进行模型标准化的模型数量达 2200 余个，相比手工处理模型（按每个模型平均需花费 20min）共节省时间 700h 以上。

在实际工程中，快速建模与模型优化技术的结合使用可节省 30%～70% 的人力时间，这不仅提升了示范项目本身的建模效率及模型的准确性与数据的可用性，也为企业后续项目模型的快速创建与重复利用提供了很好的平台与手段，为 BIM 技术的可持续利用提供了高效工具，为深入对接运营系统打下良好的基础，进一步提升了企业对建筑全生命周期的信息化管理水平，实现降本增效，提升企业竞争力。

案例 3　徐州苏宁广场

项目名称：徐州苏宁广场

建设地点：徐州市鼓楼区淮海东路 29 号

占地面积：4.4 万 m²

建筑面积：48 万 m²

竣工时间：2018 年 9 月

获奖情况：

1. 江苏省 2019 年绿色商场

2. 江苏省第三批体育服务综合体

扫一扫即可浏览
本章高清图片

一、项目概况

徐州苏宁广场位于徐州商业区核心位置，总建筑面积约 48 万 m²。项目于 2018 年正式投入使用，融合商业购物中心、超五星级酒店、甲级写字楼、大型电器旗舰店和高档 SOHO 办公于一体，是名副其实的城市地标性建筑（图 2-35）。建筑设计方案以"祥云"为概念，建筑主体与裙房采用流线型设计（图 2-36）。

图 2-35 徐州苏宁广场全景

图 2-36 裙房采用流线型设计

徐州苏宁广场在绿色节能方面，按照国家绿色建筑最高标准三星级标准进行设计和建造。

建筑性能设计严格参照了国家现行相关建筑节能设计标准中强制性条文的规定。冷热源、输配系统和照明等各部分能耗进行独立分项计量，有助于分析建筑各项能耗水平和能耗结构是否合理。

在室内环境方面，功能房间的室内噪声级满足《民用建筑隔声设计规范》（GB 50118—2010）中的低限要求。建筑照明数量和质量符合《建筑照明设计标准》（GB 50034—2013）的规定。房间内的温度、湿度、新风量等设计参数符合《民用建筑供暖通风与空气调节设计规范》（GB 50736—2012）的规定。对其中氡、甲醛、苯、氨、总挥发性有机物等五类物质污染物的浓度进行了检测，符合《室内空气质量标准》（GB/T 18883—2002）中的有关规定。

制定并实施了绿色化管理制度、垃圾管理制度，合理规划垃圾物流，对生活废弃物进行分类收集，垃圾容器设置规范；供暖、通风、空调、照明等设备的自动监控系统工作正常，且运行记录完整。定期检查、调试公共设施设备，并根据运行检测数据进行设备系统的运行优化。

二、创新成果应用

博锐尚格项目团队通过基于 BIM 的运营优化平台将 BIM 模型与"数据字典"匹配，对平台所需的 BIM 模型进行数据优化，以建筑运维"数据字典"为标准，对模型构件的命名、属性、连接关系等信息进行录入和修改，从数据标准层面支持建筑运维管理平台的应用需求（图 2-37）。

图 2-37　"数据字典"与 BIM 运维管理平台的关系

作为"十三五"国家重点研发计划项目"基于BIM的绿色建筑运营优化关键技术研发"的综合示范工程之一，博锐尚格项目团队通过深入的需求调研，详细掌握现场的实施条件和工程特点，自主开发了面向运维的数据标准，应用于该项目的数字化平台搭建，实现了跨系统的打通、多专业人员协同合作以及面向业务场景的功能设计，满足了业主单位对智能化运维的需求。徐州苏宁广场"物业智能化管理云平台"的目标是建成统一标准、统一数据库的大数据管理和分析系统。本示范工程项目应用课题开发的BIM建模底层数据字典体系，搭建基于BIM的绿色建筑运维管理平台，BIM建模底层数据字典利用率不低于90%。

"数据字典"对建筑和建筑中的各类机电系统进行了标准化的信息表达。为了实现徐州苏宁广场基于"物联网＋互联网"对建筑能源、变配电、室内环境品质、商铺用能缴费、设备设施等进行统一和高效管理的运维管理需求，实现高效率、高品质、高安全、低能耗的管控效果，"数据字典"的内容不仅仅局限于物业智能化管理云平台所涉及的信息，还包含描述建筑、建筑设备设施、建筑能耗、建筑环境相关的所有信息，以便于自由对接各类智能化系统，包括BA、冷站群控、视频监控、电梯监控等智能化系统。

三、技术成果介绍

建筑数据标准编制遵从现有建筑建造、机电系统运行等领域的国际和国内标准。参考引用主要包含两大类：建筑自控协议和机电运行，以下是主要引用标准和规范。

1. 建筑自控协议

[1] ISO 16484-5/ANSI/ASHRAE Standard l35-2014, BACnet-A Data Communication Protocol for Building Automation and Control Networks.

[2] ANSI/EIA/CEA-709.1-B-2002, Control Network Protocol Specification.

[3] Modicon Modbus Protocol Reference Guide. MODICON, Inc., Industrial Automation Systems, 1996.

2. 机电运行

[4] BEDES 2015-Building Energy Data Exchange Specification. Lawrence Berkeley National Laboratory, the U.S. Department of Energy.

[5] GB/T 51161-2016 民用建筑能耗标准.

[6] IEC 60034-1 Edition 10.2-1999 旋转电机 第1部分：额定值和性能.

[7] IEC 60034-7 Edition 2.1-2001 旋转电机 第7部分：结构类型分类、安装方法和终端接线盒位置.

[8] IEC 60215-1987 无线电发射设备的安全要求.

[9] IEC 60335-1-2001 家用和类似用途 安全 第1部分：一般要求.

[10] IEC 60335-2-15-2003 家用和类似用途电器的安全 第2-15部分：液体加热器具的

特殊要求.

[11] IEC 60466-1987 额定电压 1kV 以上至 38kV（包括 38kV）交流绝缘封闭开关设备和控制设备.

[12] IEC 60214-1-2003 抽头切换开关.第 1 部分:性能要求和试验方法.

在此基础上,结合徐州苏宁广场业主需求以及各个弱电功能子系统厂商所提供的技术支持情况,博锐尚格对数据字典进行进一步的调整和完善,更加贴合于示范项目本身的应用情况(图 2-38)。

图 2-38　项目各子系统对接情况

四、示范实施过程

1. 功能需求分析

BIM 全寿命期的应用,需要结合建筑人员密集、设备密集、信息密集的高复杂性特点。建设一套依托于 BIM 的运营管理平台,通过智能化系统的顶层设计,打通建筑智能化建设的最后一公里,满足业主对保证建筑服务品质的普遍诉求。

徐州苏宁广场项目是一个商业服务综合体,集成了多个商业业态,建筑面积规模庞大,机电系统复杂,运维管理难度很大。本项目建设基于 BIM 的建筑运营平台主要满足了现代建筑的安全需求、智慧需求和绿色需求。

首先,面对建筑面积近 50 万 m^2 的项目,对于安全管理要求和难度都远高于一般建筑。任何自然灾害、设备故障、突发事件等都可能对项目造成巨大的损失。为确保项目的安全、建筑内的人身安全等方方面面,进一步提高安全管理水平和应急处置能力,需建立通过 BIM 统一各系统信息的运行监控和维修调度信息化管理平台,最大限度地保障基础设施设备的运行安全。

其次,绿色发展是作为城市地标性项目,代表城市发展理念和形象的关键要素。无论是从能源节约、环境友好,还是从可持续发展的角度来看,公共建筑中的设施设备运行合理程度、经济能耗技术水平和设施设备管理人员的精细化节能管理意识决定着公共建筑设施设备的能耗水平。采用 BIM 运营平台,在设施设备的节能降耗管理上需制定科学合理的设备经济运行模式,采取成效显著的节能降耗技术措施,用信息化、专业化、精细化管理手段实现节能降耗、绿色环保的管理目标。

第三,随着现场管理难度不断提高,通过智能化、信息化管理手段,引入 BIM 技术整合设施设备分散的信息,集成控制通风、照明、电量监测、视频监控、物业管理子系统,形成反应快速、控制精确的管理机制,实现信息、资源和任务的共享,以降低设施设备管理难度,提高管理效率、设备利用率,降低运行成本,延长设备使用寿命,提高系统整体运作安全性、可靠性,实现建筑总体优化的目标,切实保障建筑的智慧运行,提升整体服务水平。

综合考虑以上几点,博锐尚格项目团队认为 BIM 运维管理系统可以满足复杂功能建筑对安全、智慧、绿色的综合管理需求，本项目选取不同气候下功能齐全、设备完善、自动化条件优良、对楼宇控制要求较高的综合建筑体开展示范工程，使 BIM 运营管理系统可以有的放矢，并能实际解决示范工程项目的管理需求。

徐州苏宁广场是典型以办公业态为主的大型公共建筑，目前项目已处于稳定的运营管理期，具备建设 BIM 运营管理的全部前置条件。机电系统的建设包括楼宇自动化系统、门禁系统、消防系统、停车场管理系统、巡更系统、无线对讲系统等，同时配备了高速电梯，在保证安全性的同时也大大提升了电梯使用率，实现了不同系统资源共享连接。

针对业主对建筑安全、智慧、绿色的综合管理需求，博锐尚格项目团队建立 BIM 运营管理系统是有效的解决方案。建立 BIM 运营管理系统需首先解决模型建立过程中的建模时间久、成本高的现状，以及模型体量大等应用不足的问题，同时使用 BIM 建模底层"数据字典"体系作为徐州苏宁广场运维平台的数据支撑。

2. 系统架构设计

本项目基于"数据字典"，对苏宁广场"物业智能化管理云平台"的数据库架构设计开发和应用功能进行了开发。数据库架构包含本地和云端两部分，根据不同的需求分别布置，提供统一的数据标准和接口，对所有上层应用开放，开发不同应用功能时，不需要每次重新对接底层数据。系统中所有基础数据的存储、计算、调用，都来自该数据库架构。

（1）在"数据字典"标准基础上，徐州苏宁广场示范工程中的数据集成不同于以往的弱电智能化子系统集成，而是基于 BIM 模型和数字化交付技术建立的一个全方位的建筑数据系统，包括示范项目基本的三维模型、模型相关的属性参数以及基于模型提取的一系列关系型数据。这些数据共同支撑智能化运维过程中对三维模型、台账和关系的数据需求。

（2）BIM 模型面向运维做轻量化和标准化处理，可以准确表达项目现场的真实情况。BIM 模型代表对象数据和关系数据，模型中的空间、设备、管网关系等信息与数据库中的此类信息保持一致和同步；在整个模型数据处理的过程中，采用数模分离和模型解析的总体技术路线。

（3）台账数据主要对应静态数据，包括空间台账和设备设施台账，信息内容需结构化、标准化表达，具有行业共通性。台账数据与空间和设备模型需准确对应，保障数据库对象、模型几何对象、台账信息的完整匹配。

（4）系统集成主要对应动态数据，要求所有数据结构化集成，集成数据点与数据库对象和模型几何对象对应关联，实现基于 BIM 的底层组态，保障数据的全面结构化和标准化，为苏宁置业物业智能化平台各类功能应用实施提供全面、坚实的数据基础。

针对建筑的功能及定位，在标准数据平台基础上进一步开发苏宁置业物业智能化系统功能，在项目层级可以软件方式实现跨子系统的联动和信息资源共用，并提供开放式的数据结构。原本各自独立的子系统在集成平台上就如同一个系统，无论信息点和受控点是否在一个子系统内，其都可建立联动关系，以提高自动化水平及管理水平，满足建筑遇到紧急情况时快速反应的要求。在集团层级，可通过中心版实现对所有接入项目能源、环境品质、设备设施的关键信息进行总览查看、对比分析、管理监督等功能，通过系统平台完成与项目的管理互动，有效提升工程物业垂直体系监管水平，避免信息壁垒。

在系统使用阶段，相比于传统智能化系统建设模式，对于物业运维过程中时常用到、但依靠人工维护的极其复杂和困难的数据信息，采用基于"数据字典"和 BIM 技术的数字化交付苏宁置业物业智能化平台后，这些数据可基于平台模型中自带的几何关系和连接关系自动生成，可以极大地降低数据获取成本和关系数据维护成本，提高数据广度、丰富度和关联度。

通过上述工作，标准化、高扩展性、高交互性的底层数据基础得以建立，一方面可便于苏宁广场"物业智能化管理云平台"的灵活定制开发；另一方面实现了数据的无差别共享和快捷检索，使该平台与苏宁广场其他智能化系统的对接效率大大提高。

3. 实施开发过程

本项目的实施过程分为三个阶段：

（1）BIM 平台研发阶段：在该阶段中，项目组基于"数据字典"、BIM 模型与各系统的集成数据，以业务功能需求为基础进行了软件平台功能的设计、开发、测试及上线调试部署等工作，该部分工作由本项目组独立完成。

（2）对接第三方：在该阶段中，项目组以系统集成的方式将停车、客流、视频监控、消防监控系统的数据集成到 BIM 运维平台中，作为 BIM 运维平台研发的基础条件，该部分工作由第三方配合项目组完成。

（3）数字化交付：在该阶段中，完成了本项目 BIM 模型的建模工作及设备基础信息的初始化工作（以甲方提供的数据为准），同时与本项目中新建子系统进行数据打通，作为 BIM 运维平台研发的基础条件，该部分工作由业主配合项目组完成。

本示范项目数据底层由数据采集设备层的各传感器与执行器设备出发，通过节能类外部专家系统（能源管理、冷站群控、BA 等），品质类系统（环境监控等），安全类系统（配电监测等），管理类系统（设备设施、租户用电缴费等），以及对接式系统（停车管理、客流统计、消防监测、视频监测等），对数据进行子系统层面的集成。因此，在徐州苏宁广场中需要通过设置大量的传感器和执行器来集成通风、照明、电量监测、视频监控和物业管理等子系统设施设备分散的信息。

在专业安装人员的配合下，项目团队在示范建筑中完成了包括电表、数据采集器、温度传感器等设备的安装，如图 2-39～图 2-41 所示。

4. 平台功能实现

本示范工程于 2019 年 12 月完成物业智能化管理平台搭建，通过基于 BIM 的运营优化平台将 BIM 模型与数据字典匹配，博锐尚格项目团队对徐州苏宁广场运维管理平台所需的 BIM 模型进行数据优化。目前该示范工程的物业智能化管理平台已经正式投入使用。调研反馈，物业人员认为 BIM 运维平台在实际工程中起到了非常显著的作用，大大提高了其管理效率、管理对象范围和边界，提升了对建筑各个系统的管理能力，同时减少了运维管理的工作量。

图 2-39　电表的安装

图 2-40　数据采集器的安装　　　　　　　图 2-41　温度传感器的安装

其中平台的部分界面和功能展示如下：

图 2-42 所示为本示范工程物业智能化管理平台系统的主展示界面，其中实时记录并展示了包含能耗信息、报警信息、设备运行状态信息、室内环境监测信息等建筑运维基本信息。

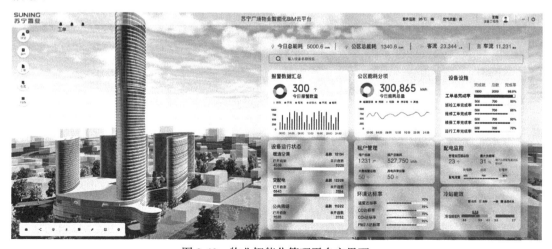

图 2-42　物业智能化管理平台主界面

图 4-43 为本工程物业智能化管理平台系统中对于建筑室内环境实时监测数据的展示。此处实现的实时记录数据类型包括建筑各个功能房间的温度、湿度、PM2.5 浓度、二氧化碳和一氧化碳浓度等。这些参数可以反映所监测的建筑分区的室内环境状况。

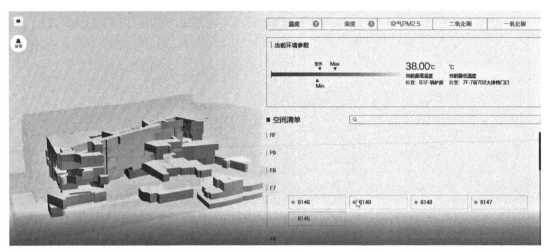

图 2-43　物业智能化管理平台中室内环境监测信息展示

对于不同分区的环境监测参数，这些参数可以被系统记录下来，形成逐时的参数变化曲线，如图 2-44 所示，可为运维管理系统对房间暖通空调系统的控制决策提供依据。

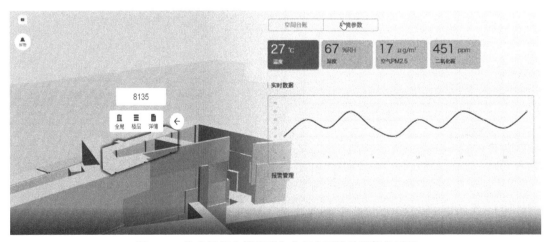

图 2-44　物业智能化管理平台中室内环境监测信息展示

图 2-45 展示的是本示范工程物业智能化管理平台对于建筑中央空调系统的实时监测。该系统支持对本示范工程建筑中所采用的空调系统冷站运行模型以及运行参数进行实时监测，同时可以实现对系统中设备的参数控制、采集设备的运行状态以及获取设备的报警提示。该系统可以分为设备和暖通空调子系统两个层次对建筑暖通空调系统进行运维管理。

除了对示范工程中暖通空调子系统的数据监测和运维控制外，本示范工程中采用的物业智能化管理平台还可以对建筑的末端空调设备、给排水系统、消防系统以及公共照明系统进行实时监测和运维控制。图 2-46 展示的是该物业管理平台中公共照明系统的监测与控制界面。该子系统将建筑的公共照明系统根据时间表的不同进行了控制模式划分，对工作日、双休日和节假日采用不同的照明系统控制方式。这也是基于"数据字典"对建筑和建筑中的各类机电系统进行信息化表达的应用成果之一。

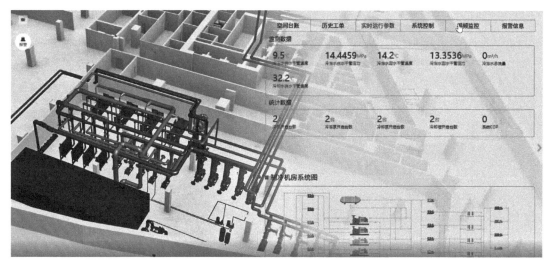

图 2-45　物业智能化管理平台中空调系统信息展示

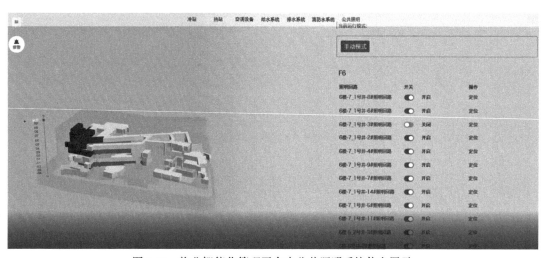

图 2-46　物业智能化管理平台中公共照明系统信息展示

五、亮点和推广价值

徐州苏宁广场"物业智能化管理云平台"的目标是建成统一标准、统一数据库的大数据管理和分析系统。通过将研发成果落地转化，为徐州苏宁广场"物业智能化管理云平台"创建了一套适应于其物业管理需求的《苏宁广场物业智能化管理云平台数据字典》作为交付成果。

通过建筑运维标准数据字典的开发和示范应用，建立基于"物联网＋互联网"的运维管理系统，对建筑能源、变配电、室内环境品质、商铺用能缴费、设备设施等进行统一和高效的管理，帮助业主实现对苏宁广场的高效率、高品质、高安全、低能耗管控；通过梳理规范业务流程，统一全新数据标准，实现对设备台账、运行及工程管理等的业务管理要求；通过建立第一个完整集合 MEOS 和 BIM 的集团管控运维管理平台，建设了改变行业管理理念的运维管理系统，这不仅是系统软件功能的建设，更是对苏宁物业智能化管理理念和能力的一次重要提升。本示范项目将博锐尚格开发的 BIM 建模底层数据字典体系应用于徐州苏宁广场，实现了建筑运维管理系统底层数据的标准化、高扩展性以及高交互性。对推进绿色建筑运营 BIM 模型技术研究提供了基础性支撑，对降低我国建筑能耗将起到推动作用。后续该技术方法可应用于我国更多的同类建筑，通过基于 BIM 的智能化系统顶层设计，打通我国建筑智能化建设的最后一公里，进一步提升建筑性能。

针对项目安全、智慧、绿色的综合管理需求，项目组自主研发建立了基于 BIM 以及"数据字典"的运营管理系统，解决了模型建立过程中的建模时间久、成本高的现状，以及模型体量大等应用不足的问题，实现了使用 BIM 建模底层数据字典体系作为徐州苏宁广场运维平台的数据支撑。项目在原有绿色建筑的基础上，辅助原有运维管理平台进行深层次运维，成为绿色办公建筑基于 BIM 的运维管理的标杆项目，具有良好的宣传示范效应。

案例 4　嘉铭·东枫产业园

项目名称：嘉铭·东枫产业园
建设地点：北京市朝阳区东四环东风南路与将台路交叉口西北侧
占地面积：1.5 万 m^2
建筑面积：3.9 万 m^2
竣工时间：2019 年 5 月
获奖情况：LEED CS 铂金认证

扫一扫即可浏览
本章高清图片

一、项目概况

嘉铭·东枫产业园位于北京朝阳区东四环，总建设用地面积为 1.5 万 m^2，总建筑面积 3.9 万 m^2。项目由东塔、西塔、北塔三座主建筑构成，中心设有下沉式中央广场，每栋建筑设有平台花园和屋顶花园，形成立体式的花园景观（图 2-47、图 2-48）。项目以生态办公为主，辅以员工餐厅、健身设施、精品便利店等商业配套设施。

图 2-47 北京嘉铭·东枫产业园全景

图 2-48 嘉铭·东枫产业园办公楼近景

嘉铭·东枫产业园是北京市第一个获得 LEED 2009 CS 铂金认证的项目（图 2-49）。在节能方面，严格参照了国家现行相关建筑节能设计标准规定，冷热源、输配系统和照明等各部分能耗进行独立分项计量，有助于分析建筑各项能耗水平和能耗结构是否合理。

空调冷源采用部分负荷水蓄冷系统，制冷主机与蓄水设备为并联方式，设置 2 台螺杆式冷水机组，以及有效容积为 1700m³ 的蓄冷水池。冷冻水负荷侧采用一次泵变流量系统，冷机侧采用一次泵定流量系统，冷却水侧采用定流量水泵，冷却塔风机采用变频控制风量，以调节冷却塔风量控制出水温度。空调热水系统采用分区异程式，局部采用地板辐射采暖。

项目采用市政中水作为中水水源，用于冲厕、车库冲洗、绿地浇洒等，绿化浇灌采用微灌等节水灌溉方式。采用屋顶太阳能集热器提供生活热源，由电作为辅助热源，全楼采用集中热水供应。

图 2-49　项目 LEED 铂金级认证

二、创新技术成果

作为"十三五"国家重点研发计划项目的综合示范工程之一，博锐尚格项目团队将自主开发的 BIM 运维模型轻量化关键技术，应用于本项目的 BIM 运维平台开发过程中，通过示范工程的试点，推动成果优化和进一步推广。

1. BIM 模型轻量化平台

1）架构原则

BIM 轻量化平台是部署在云端的平台即服务（platform as a service，PAAS）应用，为了保障 BIM 工作平台具有良好的质量，系统在架构时遵循如下原则（参考 Jinesh Varia 编写的 *Architecting for the Cloud: Best Practices*）：

（1）面向"失效"设计。BIM 轻量化平台的顺利运行依赖于众多的内外部组件、服务以及云计算基础设施。任何一个环节的失效，都有可能导致平台的服务故障或中断。因此，在进行架构时，充分考虑可能引发的失效情况，在部署架构上消除单点故障隐患的基础上进一步引入服务健康检查、服务自动故障恢复、服务降级和灾后恢复等机制，以尽可能地提升 BIM 轻量化平台的稳定性。

（2）组件解耦。BIM 轻量化平台基于"微服务""云原生"为组件服务设计的指导思想，按照"高内聚、低耦合"的方式实现。每一个模块都有自己的业务边界，服务与服务之间选择了轻量化的 RESTful 服务接口，适配于各类异构系统。

（3）可弹性扩展。PAAS 应用的容量需求，如并发吞吐量、网络带宽、存储容量等，通常在使用过程中动态增加，提前规划分配过多的系统容量通常会造成较大的资源浪费。为了提高对动态容量需求的适应能力，BIM 轻量化平台在数据存储容量、用户请求处理能力、网络带宽等方面均采用了可弹性扩展的架构，以提升系统资源的使用效率和对未来需求的扩展能力。

（4）并行计算。虽然云计算平台具备强大的计算能力和几乎无限的计算资源，但是只有在 PAAS 应用具备并行计算能力的前提下，才能发挥出云计算平台在这方面的优势。因此，对于需要消耗大量计算资源的功能模块（如模型文件转换模块），BIM 轻量化平台采用基于消息队列的并行计算架构，以提升系统的计算效率。

（5）静态数据靠近用户，动态数据靠近计算。云应用的使用需要有较好的网络环境。在复杂的网络环境下，为了提升用户的使用体验，BIM 轻量化平台充分利用 CDN 和缓存等机制，将静态数据部署在离用户最近的节点上，以缩短用户请求静态数据的响应时间。此外，对于需要进行复杂计算的动态数据，BIM 轻量化平台将其放置在离计算节点最近的存储容器中，以降低数据传输的网络和时间开销。

（6）安全性。在云计算环境下，PAAS 应用以及用户数据均面临被恶意访问和攻击的风险。为此，BIM 轻量化平台采取身份认证、权限控制、网络传输、部署环境、应用架构、数据加密、数据备份等多种主动安全防御机制，并辅以安全漏洞扫描和安全测试等手段，从而从多维度保障和提升系统的安全性，包括数据不丢失、数据不泄漏、系统不被恶意访问等。

2）平台架构部署

BIM 轻量化平台架构设计以"微服务""云原生"为指导思想，为保证服务的高可用性和扩展性，容器化是基础，容器编排平台的选择是重中之重。因此，在平台部署方面，选择目前在开源社区已经非常成熟且形成生态的 Kubernetes 作为其容器的编排平台（图 2-50）。

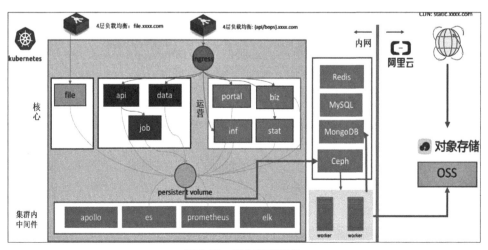

图 2-50　平台部署架构

平台数据架构如图 2-51 所示。

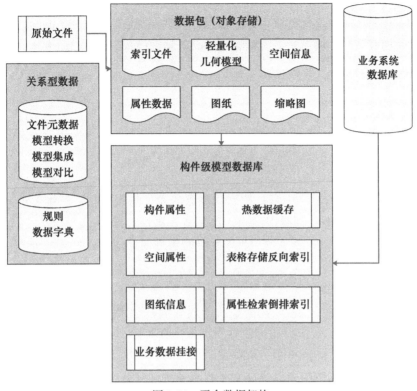

图 2-51　平台数据架构

2. 模型轻量化转换

1）内容提取

BIM 轻量化平台具备对原始 BIM 文件格式解析的能力，抽取其中数据并以颗粒度更细的方式进行存储和获取，自动解析并转换文件格式。项目模型或图纸的原始文件上传到服务器端后，云端转换服务器集群对文件格式进行转换，从中提取出几何信息、构件属性、空间信息、标高、轴网、二维图纸等数据，以及导出可供其他系统使用的交换文件等，随之将产生大规模的结构化、半结构化和非结构化数据。

2）数据包生成

文件转换之后生成了数据包，数据包由几何数据和 BIM 数据两部分组成。几何数据主要是为了浏览器端的显示，为加速数据的加载，数据会推送到阿里云 OSS 进行 CDN 加速；BIM 数据在入库时会根据数据不同的种类特征进行结构化，存入云端的数据库进行管理和提供查询。

3）数据优化

三维模型数据由可以显示的构件组成，构件具有唯一的 ID，用于与构件属性关联。构件由若干的三角形面片集合（Mesh）组成，每个 Mesh 上附加了控制 Mesh 显示样式的材质。多个构件组成场景，场景在空间上可以划分为子场景。

为加速获取构件显示列表，建立按照客户功能预先计算某项功能的多级构件索引，客户端程序根据需要获取索引。对模型的显示数据优化在模型数据服务的转换过程中已经完成，这其中，使用 Mesh 简化算法可以生成复杂构件的 LoD（level of detail）表示，当构件距离较远时加载其简化模型，距离较近时加载其精细模型。

3. 轻量化模型显示

1）基本浏览

轻量化平台实现对全专业、全楼层集成模型的在线浏览，主要包括小地图定位、旋转、缩放、剖切、漫游、隔离显示、查看属性等多项功能。

2）场景管理

借助自主研发的图形渲染引擎，模型浏览服务通过场景简化、三维 LoD 等场景管理技术，能够在有限的浏览器资源限制下，高保真、高性能地显示大场景三维 BIM 模型。借助显示引擎提供的 JavaScript API，业务系统能够方便地集成以实现三维模型或图纸浏览功能。

3）增量绘制（大模型支持）

64 位浏览器客户端允许 JavaScript 使用的内存资源小于 2GB，除去 Web 应用程序本身的内存占用，留给显示引擎可用的内存资源最多在 1～1.5GB。通常显示引擎一次能加载的三角形面片数最大为 3000 万～4000 万个，10 万～20 万个构件，但交互不够顺畅。轻量化平台通过使用增量渲染可以提高交互的流畅性，但交互过程中显示效果降低。这需要在具体的应用场景中调试，确定一个显示效率和效果的平衡点。显示引擎存在可配置的最大内存阈值，当加载的模型超出限制，由动态调度程序释放资源，加载低精度的构件。

在模型优化阶段，把原始的模型文件分割为多个不同精度的子场景，由子场景管理构件及构件 LoD。理论上动态调度可以调度任意大小规模的模型，因此系统拥有非常高的弹性和伸缩性，可以处理任意大小的模型。

4. 模型数据管理

1）数据结构化

转换引擎在系统中称为 worker，是指真正用于解析原始文件并实现数据结构化的可执行程序，其职责在于把原始文件转换成 BIM 轻量化平台定义的模型数据包。轻量化平台要提供的转换程序包括：rvt-worker、rfa-worker、dwg-worker、ifc-worker、nwd-worker、tekla-worker。

除了上述提到的文件解析的 worker，平台还有提供模型集成、模型对比、数据规则计算的 worker。

2）海量数据管理

BIM 轻量化平台需要管理千亿量级的结构化数据，需要满足对海量数据进行高效集成、存储、查询和管理的要求。针对模型数据库的各类数据，根据数据类型、数据规模、数据使用方式的不同，这些数据对象使用关系型数据库、列式数据库以及对象存储系统分别进行管理，基本原则见表 2-3。

海量数据管理　　　　　　　　　　　　　　　　　　表 2-3

数据类型	存储方式
模型文件（如单模型文件、集成模型、数据包等）	对象存储系统
模型级数据（如专业列表、楼层列表、构件树等）	关系型数据库
构件级数据（如构件属性、业务挂接数据等）	列式数据库／文档型数据库

模型数据库需要管理的构件信息数据量巨大，且每个构件的属性名称、属性类别和属性数量也不尽相同，难以用固定格式的结构化关系表进行表达和存储，使得单纯的关系型数据库无法满足模型数据库的建模要求。为此，模型数据库采用了一种融合关系型数据库、列式数据库以及对象存储系统等多种存储类型的复合存储方案，以满足海量异构数据的存储需求。目前，这一概念模型能够较好地兼容和适配主流的公有云平台以及私有化环境。

3）数据检索和计算

轻量化平台具备数据检索和计算能力，可以根据构件属性查询、组合查询进行数据查询。数据存储后，对于业务系统，希望通过多种方式按需查询数据，引擎提供了满足不同场景的查询服务，如建筑项目数据查询（楼层、专业、系统类型、单体等）以及构件属性的任意查询。

平台数据引擎以 REST Web Service 的方式提供数据访问接口，包括获取模型数据，以及将业务数据注册或链接到模型数据。根据业务需要，提供的数据接口包括模型几何数据信息接口、模型属性数据信息接口、模型基本信息接口、属性更新接口、模型挂接业务信息接口、业务信息查询接口、模型状态更新接口等。

三、示范实施过程

1. 需求分析

结合建筑人员密集、设备密集、信息密集的高复杂性特点，研发建设依托于 BIM 的运营管理平台，通过智能化系统的顶层设计，打通建筑智能化建设的最后一公里，可满足业主对保证建筑服务品质的最终诉求。

传统设施设备运行维护管理各个子系统都是相对独立的，无法联动，独立采集数据，独立管理。设计、施工、安装、运行维护等信息数据分散保存在各个相关责任部门，信息集成度不高、共享不充分、可视化程度低、资料查阅困难，数据管理效率低，不利于设施设备的信息化、精细化、专业化管理。如果继续沿用传统的人工管理手段，不仅难以满足日益增长的服务新需求，还将大大增加管理成本。这迫切需要通过信息化的管理手段，全面建设高水平的设施设备的现代化管理平台。项目业主单位希望通过智能化、信息化管理手段，引入 BIM 技术整合设施设备分散的信息，集成控制通风、照明、电量监测、视频监控、物业管理子系统，对设施设备进行可视化表达，形成反应快速、控制精确的管理机制，实现信息、资源和任务的共享，以降低设施设备管理难度，提高管理效率、设备利用率，降低运行成本，延长设备使用寿命，提高系统整体运作安全性、可靠性，实现建筑总体优化的目标，切实保障建筑的智慧运行，提升整体服务水平。

在嘉铭·东枫产业园项目中，博锐尚格项目团队根据与业主的沟通，对项目的 BIM 运维平台进行了全面的设计和搭建。其中，运维 BIM 模型来源于设计和施工 BIM 模型，文件格式繁多，需要根据运维需求进行信息的删减、增加以及集成各种物联网实时采集信息。针对 BIM 运维系统在多种工程文件格式集成、模型轻量化率低、BIM 数据冗余、显示渲染效率低等不足，重点聚焦 BIM 运维模型自动轻量化、模型数据分布式存储和计算、模型轻量化显示等高性能传输、共享、浏览的关键科学问题，建立国产化开放的图形引擎，通过公共服务的方式为行业 BIM 软件提供图形开放平台，聚焦业务的解决能力提升，为行业提供更好的业务产品。同时，使用 BIM 建模底层数据字典体系为嘉铭·东枫产业园运维平台提供数据支撑。

2. 实施过程

项目的整体工作计划包括：第一，项目启动准备，完成规划实施流程、识别关键环节与风险管理、研发启动、团队构建；第二，项目进度把控，完成整体实施计划，阶段开发计划，研究里程碑管理，以及进度追踪、日常汇报；第三，开展结果管理，包括项目计划制订、季度成果复盘等。

项目整体实施过程如图 2-52 所示，总计 14 个月，其中 8 个月用于产品设计，过程中利用了 BIM 轻量化技术，技术路线涉及三个主要的关键技术：模型转换、模型浏览、模型数据管理。在开发过程中，通过需求碰撞不断完善平台的功能（图 2-53～图 2-55）。

3. 实施效果

项目重点在以下三个方面进行了技术示范，具体包括：

1）BIM 运维模型成果轻量化

BIM 平台的原始数据都是以文件形式存在的，文件中的数据只能在专业的建模工作中获取，模型若要在后续的协同平台或业务系统中得以应用，必须首先对原始文件格式进行解析，抽取其中的数据，以颗粒度更细的方式进行存储，并能够随意获取。文件格式主要包括 Revit 文件，即后缀名为 rvt 的文件。除此之外，也包含一些其他的主流 BIM 文件格式，如 IFC/pdf/nwd/Tekla 等。

自动解析并转换文件格式，就是把项目模型或图纸的原始文件上传到服务器端，从中提取出几何信息、构件属性、空间信息、标高、轴网、二维图纸等数据，以及导出可供其他系统使用的交换文件等（图 2-56）。在此过程中，将产生大规模的结构化、半结构化和非结构化数据，BIM 轻量化平台需要能够高效存储和管理海量的 BIM 数据，并满足 BIM 平台和业务系统对于 BIM 数据的增、删、改、查的操作需要。

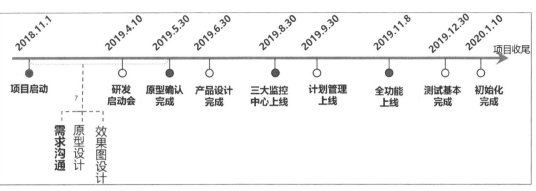

图 2-52　项目 BIM 运维平台开发过程

图 2-53　博锐尚格项目团队与业主多次沟通项目信息

图 2-54　现场实施照片——对机房和设备进行绑点

图 2-55　BIM 中控室调试

A座

楼层本地名称	文件名	楼层平面视图名称
RF	Fl110105000181b22b1608b911e9acbca78c1b4e10a6.rvt	RF-saga
F5	Fl110105000012a0741ffff8211e8b8b057c9c9983942.rvt	F5-saga
F4	Fl1101050000011b85b9eeff8211e8b8b087ac5144d0ef.rvt	F4-saga
F3	Fl1101050000011007d4edff8211e8b8b0ab7044c42811.rvt	F3-saga
F2	Fl1101050000011072a8b6cff8211e8b8b0015f957e8c7f.rvt	F2-saga
F1	Fl1101050000011fb55faebff8111e8b8b07995537bf287.rvt	F1-saga

B座

楼层本地名称	文件名	楼层平面视图名称
RF	Fl11010500018aff2ad35ff711e9a6182f2301e72e60.rvt	RF-saga
F5	Fl110105000001723c0e525ff711e9a618cbf5042c40d1.rvt	F5-saga
F4	Fl110105000000150fa91315ff711e9a618c9724397ed07.rvt	F4-saga
F3	Fl1101050000013e6974505ff711e9a618e15213be8b48.rvt	F3-saga
F2	Fl110105000130c1d17f5ff711e9a618c7fff3f24637.rvt	F2-saga
F1	Fl1101050000011183b6fde5ff711e9a618071bdac223fe.rvt	F1-saga

C座

楼层本地名称	文件名	楼层平面视图名称
RF	Fl1101050001fc75cc595ff711e9a6184b0a58d23d4b.rvt	RF-saga
F5	Fl1101050001ed4873e85ff711e9a618b9a20cddb213.rvt	F5-saga
F4	Fl1101050001d8621c675ff711e9a61867e9c4c4e7ed.rvt	F4-saga
F3	Fl1101050001c62588265ff711e9a6180390acf0fbab.rvt	F3-saga
F2	Fl1101050001b83236555ff711e9a6187be56804052e.rvt	F2-saga
F1	Fl1101050001a62034845ff711e9a6187d378045931b.rvt	F1-saga

D座

楼层本地名称	文件名	楼层平面视图名称
F1	Fl110105000012c9b2aeb5ffa11e9a618397d1467f280.rvt	F1-saga

地下

楼层本地名称	文件名	楼层平面视图名称
B1	Fl110105000019bd7ae53b36611e9989b6b5aa64fce00.rvt	B1-saga
B2	Fl11010500000107cd29a4b36711e9989b833dd102d9f6.rvt	B2-saga

室外空间

楼层本地名称	文件名	楼层平面视图名称
F1	Fl1101050001417e9293877811e9ad1f9727a4cb9ff9	F1-saga

图 2-56　嘉铭·东枫产业园项目 BIM 模型文件清单

2）BIM 平台中的模型成果

轻量化平台实现对全专业、全楼层集成模型的在线浏览，主要包括小地图定位、旋转、缩放、剖切、漫游、隔离显示、查看属性等多项功能（图 2-57～图 2-59）。

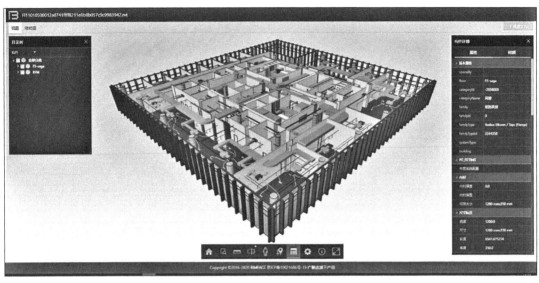

图 2-57　A 座 5 层全专业 BIM 模型轻量化展示效果

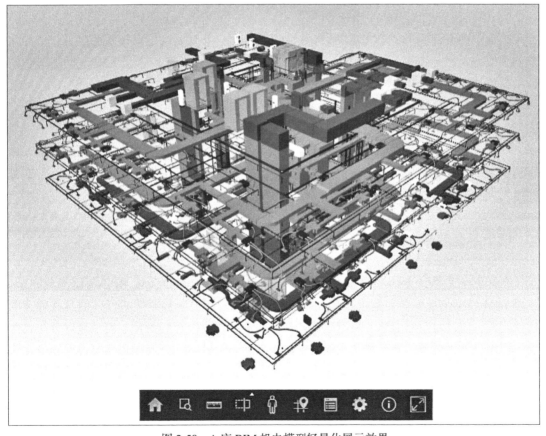

图 2-58　A 座 BIM 机电模型轻量化展示效果

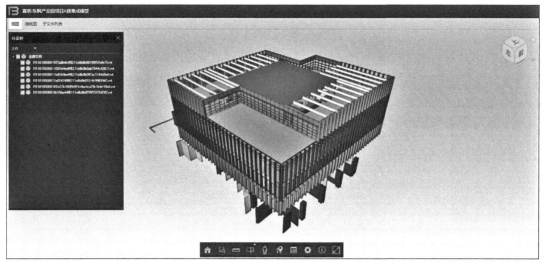

图 2-59　A 座全专业 BIM 模型轻量化展示效果

借助课题自主研发的图形渲染引擎，模型浏览服务通过场景简化、三维 LoD 等场景管理技术，能够在有限的浏览器资源限制下，高保真、高性能地显示大场景三维 BIM 模型。借助显示引擎提供的 JavaScript API，业务系统能够方便地集成以实现三维模型或图纸浏览功能。

3）BIM 平台二次开发

BIM 轻量化平台是支撑 BIM 平台的中间件平台，可以提供二次开发的能力，比如完善的前后端 API，详细的二次开发文档及配套的示例程序。开发人员无需掌握图形学知识，简单易用。

支持示范工程项目 BIM 数据和图纸数据（如：构件信息、空间信息、图纸信息……）在云端结构化存储，获取数据方便快捷，开发人员通过 RESTful 接口即可轻松调用。

在示范工程开展过程中，依据课题研究的轻量化技术，对模型进行了转换，转换成功率达到 100%；利用轻量化技术对模型进行转换，存储空间轻量化程度达到 80%，转换时间也大大减少，达到轻量化的目的。

四、示范效果和推广价值

在嘉铭·东枫产业园项目中，博锐尚格项目团队针对运维阶段 BIM 模型集成复杂、三维 BIM 模型信息冗余、运维模型处理工作量大、应用显示加载效率低、信息处理速度慢的问题，通过对图形引擎、模型数据接口等研究，建立模型轻量化、模型数据分布式存储、模型轻量化显示、基于移动和网页端的模型接口等技术，开发绿色建筑模型轻量化软件工具，实现运维模型轻量化自动处理、运维信息精准、模型加载显示速度快的效果，实现基于 BIM 的可视化、高效运维的目标。

应用课题开发的 BIM 运维模型轻量化关键技术，模型转换成功率达到 100%，模型轻量化率达到 80%。

　　本工程通过对当前 BIM 参数化和快速建模技术的系统研究，建立了开放共享的 BIM 模型轻量化平台和显示引擎，丰富了既有绿色建筑运营构件族库，进一步梳理了绿色建筑运营阶段 BIM 模型的建模技术和标准化流程，建立了数据分类和编码标准以及模型交付标准。对同类项目开展运营阶段参数化及轻量化 BIM 建模数据标准体系应用示范，具有较高的借鉴价值。

第三章　BIM 场景下的能源和环境调控技术

当前，BIM 运营数据及相关联数据的能源、资源、碳排放的数理模型亟待建立，基于 BIM 的建筑热工自动分区和建模软件方法缺失，建筑运行阶段能耗预测不确定性和人员行为不确定性对建筑优化运营存在影响；常规基于客观采集数据的建筑运营管理实际功效与建筑使用者的主观满意度仍存在偏离，缺乏结合建筑空间属性的满意度描述模型和基于人员满意度的建筑运营成本评价方法来指导与满意度相关的建筑系统进行动态运行。

扫一扫即可浏览
本章高清图片

当前的建筑热工模型建立方法是根据建筑图纸和系统设置手动划分热工区域，然后搭建物理模型，整个过程非常耗时，容易出错。如果建筑设计有所改动就需重新搭建模型，并且对于每一栋建筑都需要重复上述过程，使得能耗模型的使用效果和范围大受影响。针对此问题，项目团队建立了从 BIM 到 BEM（建筑能耗模型）的模型转换方法，通过分区数量和外区深度等关键变量与负荷影响的敏感分析，引入层次聚类分析法建立了热工分区自动算法流程，并开发了基于 BIM 的建筑热工模型自动构建工具（图 3-1），极大地提高了建筑能耗模拟的建模效率。针对建筑实际能耗影响因素多、部分输入参数缺失（如人流数据）导致预测模型偏差大的问题，项目团队完成了不同类型建筑人流数据特征分析，建立了结合人员数据的建筑能耗混合预测模型，可用于不同类型、不同输入数据的建筑能耗动态预测，有助于建立基于实时数据的建筑运营管理技术措施。此外，项目提出了基于分级控制策略的建筑能耗基线以实现自身目标评价，在此基础上提出了基于能耗阈值的空调系统前馈控制方法（图 3-2），开发了基于环境感知的建筑能效前端控制系统，用以在维持较好室内舒适度的同时最大限度地降低建筑能耗。

针对目前国内建筑使用者满意度模型研究中的建筑空间表述欠缺以及基于人员满意度的绿色建筑运营成本评价方法缺失的现状，项目团队建立了包括空间信息和物理环境参数的办公建筑使用者满意度影响因子参数库（图 3-3），基于使用者画像分析和不同空间因素对满意度的影响研究，形成了融合空间属性的满意度预测模型，可用于 BIM 场景下的满意度空间可视化表达（图 3-4）。基于满意度分项模型，研究建立了基于室内外污染物浓度关系的空调系统新风控制方法、基于视觉满意度的智能照明控制器、满意度和空调系统能耗双重优化控制算法，有望改变建筑环境调控多以维持某项单一指标为主、难以实现环境影响因子组合优化和联动调节的现状。另外，基于时间序列法、灰色多元线性回归预测模型以及高效梯度提升决策树预测模型，建立了绿色建筑运营成本分类分项测算方法，纳入人员满意度指标对建筑运营成本的影响，可用于绿色建筑运营成本的信息化管理。

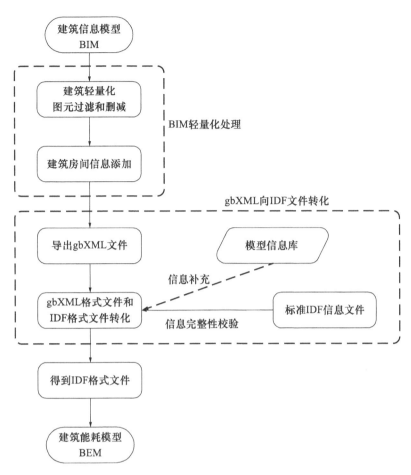

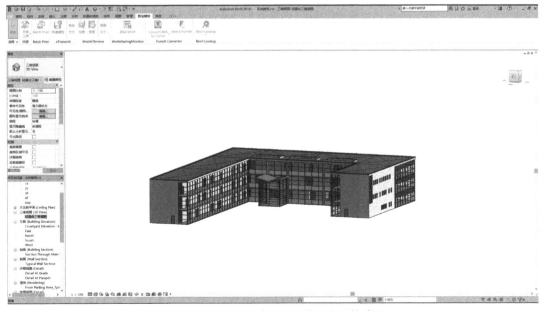

图 3-1　基于 BIM 的建筑热工模型自动构建工具

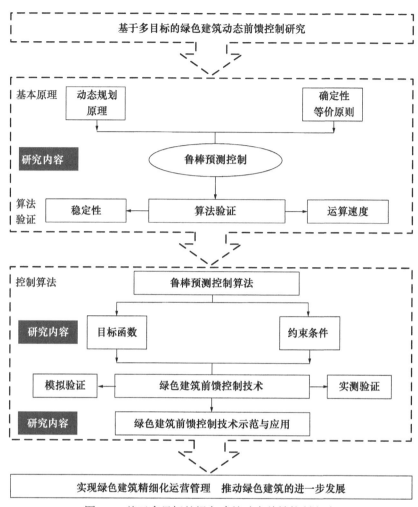

图 3-2　基于多目标的绿色建筑动态前馈控制方法

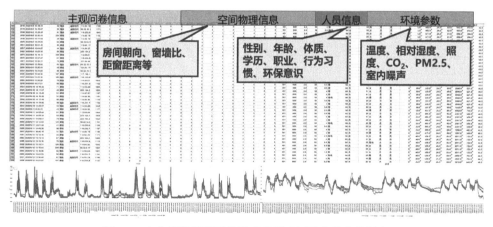

图 3-3　办公建筑场景下的满意度影响因子参数化特征库

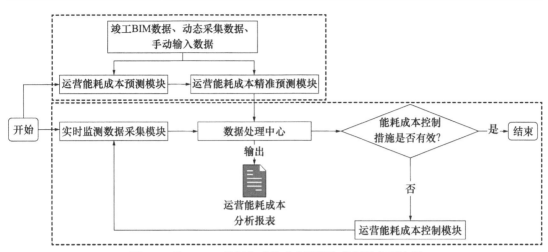

图 3-4　基于 BIM 的绿色建筑成本预测与控制的主要流程

　　本章以 5 个工程案例，直观展示 BIM 场景下的能源和环境调控技术在实际工程中的应用。其中，北京光华路 SOHO 二期主要示范应用了基于 BIM 的建筑热工模型自动构建技术和结合 BIM 与人员数据的动态能耗碳排放预测及模型校核技术，北京工大建国饭店主要示范应用了前馈式建筑能耗管理技术，中国建筑技术中心试验研发楼主要示范应用了能源和环境在线监测系统以及以满意度评价导向的优化调控技术，中建广场（上海）主要示范应用了能源和环境在线监测系统、室内用户满意度评价技术和建筑运营成本快速测算技术，中国科学院自动化所自动化大厦则主要介绍了基于环境感知的建筑能效优化系统的示范应用。

案例 5　北京光华路 SOHO 二期

项目名称：北京光华路 SOHO 二期

建设地点：北京市朝阳区光华路 9 号

占地面积：2.5 万 m^2

建筑面积：16.76 万 m^2

竣工时间：2014 年 10 月

获奖情况：

1. LEED 金级认证

2. 中国绿色建筑二星级运行标识

3. 中国移动 5G 示范楼宇

扫一扫即可浏览
本章高清图片

一、项目概况

北京光华路 SOHO 二期项目位于北京市朝阳区光华路 9 号，是一座集特色商铺、办公于一体的现代化商业办公综合体（图 3-5），建筑面积为 16.76 万 m²，其中地上面积 10.28 万 m²，地下面积 6.48 万 m²，于 2014 年 10 月建成并投入使用。

图 3-5　北京光华路 SOHO 二期项目外观实景

项目在建造和设计时遵循高规格节能环保要求，建设方 SOHO 中国于 2013 年成立节能中心，建立了全新的能源管理系统，率先在国内采用 3D 的 BIM 技术，重新定义了能源信息的可视化和表达方式。其中，能源管理系统集成了多个弱电子系统及大量的传感器，实时采集海量数据，保障大楼节能高效运行的同时，对数据进行全方面诊断分析，优化大楼的物业品质。该建筑于 2014 年获得 LEED 金级认证（图 3-6），并于 2021 年获得绿色建筑二星运行标识。

图 3-6　项目获得 LEED 金级认证

北京光华路 SOHO 二期在设计、施工和运维阶段采用了多项绿色建筑技术。项目设有屋顶绿化，面积占屋顶可绿化面积的 50%（图 3-7）。节能方面采用主动与被动相结合方式，包括设立可开窗幕墙、可调节遮阳外立面、热回收装置等；建设分项计量和BIM 能耗管理平台，实现建筑能耗精细化管理；楼宇内灯具采用节能型开关，根据使用特点分区控制（图 3-8）；电梯和扶梯均采用节能电梯，办公客梯采用交流变频调速节能控制，扶梯采用感应启停控制方式。节水方面，项目所有室内洁具均采用二级及以上级别的节水器具，车库清洗和道路清洗也均安装节水型清洁机器人，室外铺装渗水砖，利于雨水回渗。项目空调系统末端采用风机盘管加新风系统，可实现室内环境独立控制，所有空调机组均采用过滤器和高压静电复合处理模块，有效维持室内 PM2.5 浓度低于 $30\mu g/m^3$。

图 3-7　北京光华路 SOHO 二期屋顶绿化

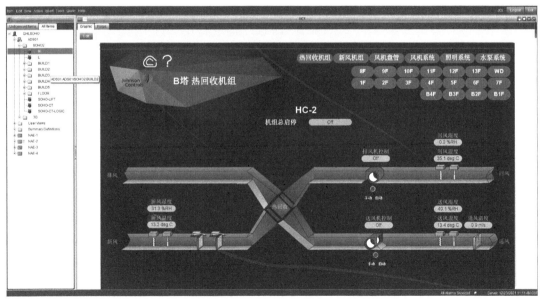

图 3-8　楼宇自控系统

二、绿色建筑运维需求

北京光华路 SOHO 二期由五栋办公楼构成，项目对运营品质要求较高，同时由于

SOHO 集团对于能耗管理的逐年目标提升，在绿色运营方面需要通过整体升级，来实现环境品质和能效管理双控的目标。

项目机电系统较为复杂，其中空调冷源采用电制冷冷水机组和冰蓄冷系统，热源采用市政供热管网，经换热站交换后提供空调用热水。生活供水采用分区供水，分为三个区：一区为地下 4 层至 2 层，由市政压力直接供水；二区为 3～8 层，由变频调速供水设备供水；三区为 9～15 层，由变频调速供水设备供水。

从全生命周期 BIM 技术应用的视角来看，北京光华路 SOHO 二期项目具备完整的竣工 BIM 模型以及基于 BIM 的能耗监测平台（图 3-9）。同时，建筑拥有完备的门禁打卡系统，可统计记录建筑逐时人员进出数据。BIM 中集成的大量建筑信息可以为建筑能耗模拟提供数据支持，大大减少建模过程中的重复数据输入过程。

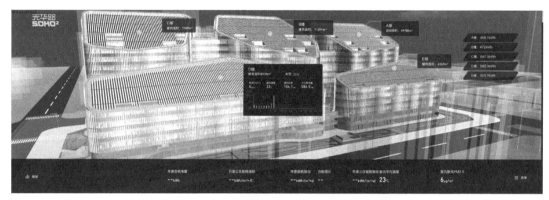

图 3-9 北京光华路 SOHO 二期的能耗监测平台

根据项目实际运维需求，对建筑能耗及碳排放模型自动构建进行创新示范。通过 BIM 模型实现建筑热工模型的自动构建，在此模型基础上，结合建筑实际人流数据、能耗数据，建立混合动态模型，进行能耗、碳排放预测（图 3-10）。无须手动翻模即可获得建筑能耗计算模型，节省了人力物力成本。

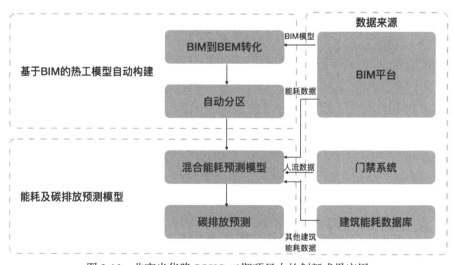

图 3-10 北京光华路 SOHO 二期项目中的创新成果应用

三、创新技术成果

1. 基于 BIM 的建筑热工模型自动构建

1）BIM 到 BEM 转化

基于对 gbXML 格式文件内容的解析可以将 gbXML 文件转化为 IDF 文件，本研究中 gbXML 格式文件的转化结果中包含了建筑的基本信息，包括几何和空间信息等，但是其中不包含围护结构材料、建筑作息、照明、设备等信息，因此需要在文件格式转化过程中基于标准 IDF 格式文件进行信息完整性校验，同时，结合标准模型信息库对转化的 IDF 进行信息补充。本示范建筑中 BIM 轻量化处理及模型转化的算法流程如图 3-1 所示。

2）自动分区

自动分区的目的是实现建筑能耗模型热区简化（zoning reduction），即对 BEM 的计算节点进行简化。取消一般能量分析不需考虑的气流节点模型，能大大提高模型运算速度。对于 BIM 转化得到的能耗模型 IDF 进行拆分和合并——房间拆分包括对高大空间进行垂直方向拆分、对开敞大空间进行内外区拆分以及对复联通区域进行拆分；房间合并则包括对建筑同层、同功能、负荷特性相似的房间进行合并从而对建筑能耗模型进行合理简化。自动分区流程如图 3-11 所示。

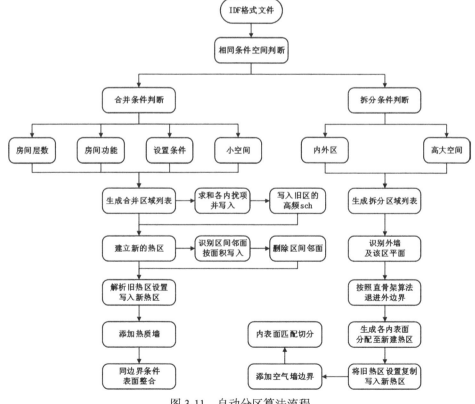

图 3-11　自动分区算法流程

2. 结合 BIM 与人员数据的动态能耗碳排放预测及模型校核

基于前一小节得到的建筑能耗模型计算得出建筑逐时负荷，结合门禁系统人流量数据、BIM 平台中的能耗数据和能耗数据库中其他类似建筑能耗建立混合模型。对于 BIM 平台中缺失的变量信息，采用贝叶斯方法进行推测。能耗预测及模型校核流程如图 3-12 所示。

由于该建筑门禁系统并不能监测建筑内部全部楼层人流量数据，故还需参考同类型建筑前期调研形成的典型人流数据。典型人流数据通过 k-means 聚类对规律相同的人流数据进行聚类，并将每类的几何中心作为典型数据，构成全年的典型人流数据。

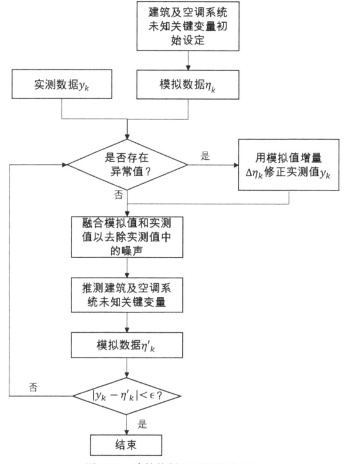

图 3-12　建筑能耗预测及校验流程

四、技术实施过程

1. 基于 BIM 的建筑热工模型自动构建

北京光华路 SOHO 二期由五栋楼组成，其完整 Revit 模型如图 3-13 所示。

采用 Revit 作为 BIM 处理的软件，EnergyPlus 作为能耗分析软件。由于该建筑群体量过大，五栋楼放于一个模型中使得 Revit 非常卡顿，在开展过程中，将该示范建筑的五栋楼拆分开进行 BEM 的自动构建。

五栋楼的热工模型构建过程类似，以 1 号楼为例详细阐述 BIM 到热工模型的转换过程。1 号楼的 BIM 三维外观如图 3-14 所示。

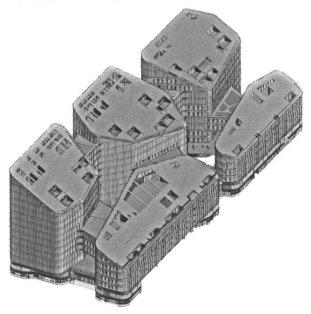

图 3-13　北京光华路 SOHO 二期 Revit 模型

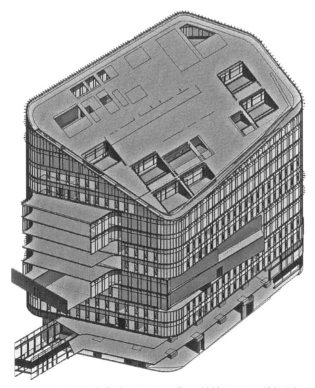

图 3-14　北京光华路 SOHO 二期 1 号楼 BIM 三维视图

首先，对 BIM 进行简化和修补。在 Revit 中运行如图 3-15 所示开发的 6 个插件。6 个插件的功能分别是：BIM 轻量化，删除 BEM 中不需要的构件；柱子替换，将作为房间边界的柱子替换为墙，删除非房间边界的柱子；曲面简化，用曲面墙的外接线生成的墙替换模型中的曲面墙；添加房间，向房间信息缺失的 BIM 中添加正确的房间信息；合并小空间，将负荷特性相似的房间合并以简化计算；识别标准层，检测建筑中是否存在标准层，若有标准层则将标准层信息写到 csv 文件中。

BIM 修补完成后进行 gbXML 的导出，选择"使用房间／空间体积"方法导出 gbXML，导出的 gbXML 如图 3-16 所示。

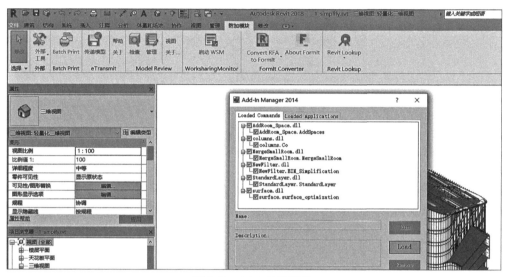

图 3-15　BIM 处理插件

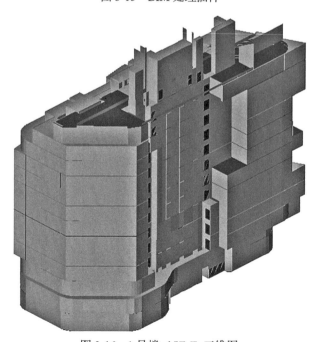

图 3-16　1 号楼 gbXML 三维图

其次，将 gbXML 转换为 IDF，对 IDF 进行信息检查和填充，并进行自动分区。之后得到的 IDF 如图 3-17 所示。

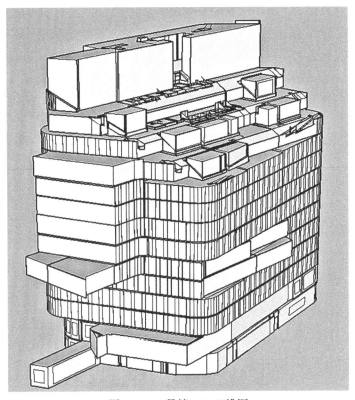

图 3-17　1 号楼 IDF 三维图

最后将得到的 IDF 和北京的 epw 天气文件作为输入，在能耗分析软件 EnergyPlus 中进行负荷计算，得到建筑单位空调面积峰值冷负荷为 115.29W/m²，单位空调面积峰值热负荷为 172.93W/m²。

其余几栋楼采用同样的处理方法。其中 2 号楼单位空调面积峰值冷负荷为 110.75W/m²，单位空调面积峰值热负荷为 166.12W/m²；3 号楼单位空调面积峰值冷负荷为 123.17W/m²，单位空调面积峰值热负荷为 184.75W/m²；4 号楼单位空调面积峰值冷负荷为 119.53W/m²，单位空调面积峰值热负荷为 179.29W/m²；5 号楼单位空调面积峰值冷负荷为 130.03W/m²，单位空调面积峰值热负荷为 195.05W/m²。

2. 结合 BIM 与人员数据的动态能耗及碳排放预测及模型校验

由于该建筑以办公区域为主，门禁系统并不能监测建筑内部全部楼层人流量数据，故还需参考办公建筑前期调研形成的典型人流数据。

图 3-18 所示为调研办公建筑聚类结果，图（a）为 k-means 聚类结果与实际日类型对比，图（b）为各类的聚类中心。图（a）中将日类型分为周一至周日、假日以及调休日（原本为周末，但因为春节、国庆等节日连休而调整为工作日）共 9 类，同一种颜色的线条表示 k-means 聚类分在簇（Cluster）中，数字表示被分在该簇中的实际日类型占该实际日类

型的比例，比例越大点越靠外，表示该日类型被分在该簇中的天数越多，如圆圈中的点表示该建筑有 0.6（60%）的调休日被 k-means 算法分在 Cluster1，可被分在 Cluster1 的还有其他工作日，但仍有部分工作日被分在了 Cluster0。图（b）为各 Cluster 的聚类中心，即代表该簇的典型人流数据。根据数据结果，办公建筑人流数据明显可被分为工作日和非工作日，但是通过聚类结果可以看出，工作日人流数据也有差别，Cluster1 的人流数据明显少于 Cluster0。而人流数目较少的工作日往往出现在节假日前后，如国庆、春节等，而 10 月至次年 2 月期间长假较为集中，所以这段期间工作日在 Cluster1 的比例要略高于其他月份。

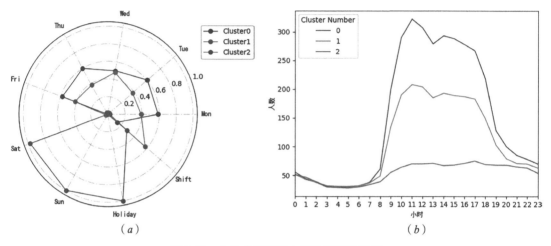

（a）　　　　　　　　　　　　（b）

图 3-18　办公建筑典型人流数据聚类结果

图 3-19 所示为北京光华路 SOHO 二期 10 月每日建筑门禁人流数据（每条线代表 1 天人流数据）。由于在人流量较大的时间点，该建筑进出数据不做区分，故在中午 12 点和晚上 18 点会有人流量高峰，这与典型办公建筑下班高峰时间一致，故仅参考该建筑门禁人流量最大值对典型人流数据进行修正，将修正后的人流数据输入到混合能耗模型中。

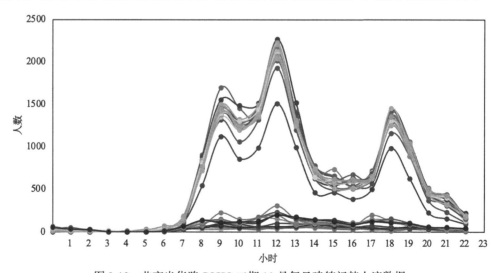

图 3-19　北京光华路 SOHO 二期 10 月每日建筑门禁人流数据

北京光华路 SOHO 二期 2019 年的能耗预测结果如图 3-20 所示。实线为实际能耗，虚线为本混合模型预测能耗。预测结果的平均绝对百分比误差 MAPE 为 3.6291%，预测结果良好。

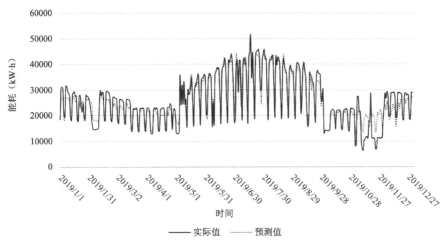

图 3-20　北京光华路 SOHO 二期 2019 年能耗预测结果和实际能耗值

五、应用效果和推广价值

本项目示范了从 BIM 模型到能耗模型的快速自动构建方法以及结合实时人流数据的动态能耗和碳排放预测及模型校验方法，节省了大量重复性建模人工成本，并充分利用了 BIM 平台中的信息，使 BIM 在建筑运营过程中得到充分应用价值，有助于使绿色建筑从侧重设计向侧重高质量运营发展。另外，本项目采用的混合建模方法，结合既有建筑能耗数据库，可实现通用性较强的针对既有建筑与新建建筑自动能耗预测。

案例 6　北京工大建国饭店

项目名称：北京工大建国饭店
建设地点：北京市朝阳区平乐园 100 号
占地面积：1.3 万 m²
建筑面积：3.86 万 m²
竣工时间：2008 年 5 月

扫一扫即可浏览
本章高清图片

一、项目概况

北京工大建国饭店（图 3-21）于 2008 年 5 月开业，位于寒冷地区，总建筑规模 3.86

万 m^2，拥有 277 套客房。高度为 48.6 m，地上共 12 层，地下 2 层；首层至 3 层为裙房，主要功能为酒店大堂、餐饮、商店、办公、会议室；4～12 层为客房。地下 1 层有员工宿舍、餐厅、办公室；地下 2 层主要是停车场、设备房。

图 3-21　北京工大建国饭店外观实景

项目在绿色建筑方面的策略主要包括：① 围护结构采用节能设计，其中外窗为断桥铝合金双层玻璃，传热系数为 2.0 W/($m^2 \cdot$ K)；② 空调通风设备均为节能型产品，水冷螺杆式水源热泵机组的 COP ≥ 5.5，燃气热水机组的热效率不低于 89%；③ 客房部分的空调新风和排风采用乙二醇液体热回收系统进行排风热回收利用，热回收效率不低于 60%；④ 设有楼宇自动化系统（BAS），空调系统的冷（热）源、末端空气处理机组以及通风系统设备的运行状况、故障报警及启停控制均可在该系统中显示和操作，且可根据工况调节机组的供冷量，达到节能运行目的。

二、主要创新成果——前馈式建筑能耗管理

1. 前馈式建筑能耗管理技术简介

通过国内外文献及实际工程调研，针对绿色建筑典型空调系统（风机盘管＋新风系统，一次回风系统）制定普适性控制策略，并将控制策略分为"好""中"和"差"三类。基于模拟仿真的方法，针对北京工大建国饭店项目确定了该建筑的全年能耗限额，进而利用模型预测控制对关键设备及系统进行优化，以能耗为目标函数、室内舒适度为约束条件，优化系统运行参数。基于该优化控制方法，可有效降低建筑运行能耗，并使其满足建

筑能耗限额要求。该技术整体框架如图 3-22 所示。

图 3-22　基于建筑能耗限额的绿色建筑动态前馈控制方法

通过基于建筑能耗限额的绿色建筑动态前馈控制方法，充分考虑建筑能耗限额与建筑运行之间的关系，有效保障了建筑室内舒适度要求同时降低了建筑运行能耗，使其满足建筑能耗限额要求。

2. 能耗限额的确定

基于示范建筑的空调形式以及冷热源形式，查阅相关文献确定了如表 3-1 所示的优化控制策略。表中每一种控制策略都分为"好""中"和"差"三类。基于模拟仿真分析，将其拟合为正态分布曲线，取概率最大值为能耗限额。从图 3-23 可知，取能耗限额为 92.91kW · h/（m² · a）。

建筑控制策略汇总　　　　　　　　　　　　　　　　　　表 3-1

	控制策略		
	好	中	差
供冷设定温度	28℃	26℃	24℃
供暖设定温度	18℃	20℃	22℃
送风温度控制	基于最热房间控制送风温度	基于室外温度控制送风温度	固定送风温度
经济器控制	焓差	温差	无经济器
最小新风量控制	根据 CO_2 控制	15% 最小新风量	30% 最小新风量
冷冻水温度控制	根据负荷设定供水温度	根据室外温度设定供水温度	固定供水温度
热水温度控制	根据负荷设定供水温度	根据室外温度设定供水温度	固定供水温度
机组台数控制	一台机组达到效率最大时另外一台机组启动	一台机组满负荷时另外一台机组启动	根据室外温度启停机组

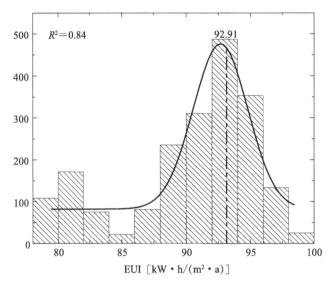

图 3-23 示范工程能耗概率密度曲线

3. 能耗限额控制的实现

北京工大建国饭店以建筑能耗限额为目标，建立了一套合适的绿色建筑典型空调系统前馈控制方法，并建立建筑能效管控平台实现优化控制与能耗比对，以支撑在 BIM 运维平台下实现绿色建筑精细化管理优化的目标。

示范工程系统采用 CH-BUS 总线技术和强弱电一体化技术，实现基于能耗限额的建筑系统前馈控制方法（图 3-24）。为了最大限度挖掘系统节能空间，实现空调系统的前馈控制优化运行，示范工程系统全面采集系统环境参数、系统运行参数，实时跟踪系统冷（热）负荷，比较建筑实际运行能耗与能耗限额，并应用前馈控制技术动态调节热泵机组、冷冻水泵、冷却水泵等设备运行参数，使建筑能耗满足限额要求。

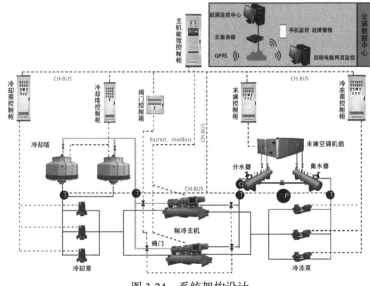

图 3-24 系统架构设计

此外，示范工程系统可根据不同的空调系统设计个性化、多样化智能监控界面，并具有以下特点：云端运行功能——无须本地部署上位机，有网即可监控；大数据分析和边缘计算，存储大量项目数据资料，提高能效；多级权限设计，层次化平台管理，保护系统安全；无人值守技术，线上线下相结合；方便操作等。

三、能效管控平台和主要功能

1. 系统功能简介

示范工程空调系统结构多样，由水源热泵空调水系统、末端组合空调机组、吊顶式空气处理机组、全热交换机组、风机盘管等系统设备组成。针对示范工程中央空调节能自控系统所设计的能效管控系统，旨在搭建一套基于建筑能耗限额的空调系统能效智能自优化管理系统，实现示范工程中央空调系统的自动化、智能化控制和节能运行。为满足建筑能耗限额要求，对能耗进行全过程管控，搭建了如图 3-25 所示的能效管控平台。

本系统设计涵盖采暖空调系统、通风系统、设备机房的用能数据计量，并拓展了其他公共建筑物的用能管理，实现了基于智能表具的计量数据在线监测和用能动态管理。

图 3-25　建筑能效管控平台

能效管控平台能够动态地显示空调系统主要设备的运行状态及工艺参数，实现对设备状态和参数的监控。系统软件界面采用三维流程图显示，可在触摸屏上直观反映现场系统的管路及设备的安装布置状况。三维流程图显示了各设备的主要参数，便于操作员直接观看。此外，操作员可以在流程图上点击任意设备进入该设备参数的详细显示 / 控制界面，查看各设备及器件的所有状态参数和运行参数，并且可在此界面进行设备的启停控制。

2. 运行策略选择

示范工程能效管控平台提供了远程控制和就地控制两种常规控制模式，在系统运行过程中，可根据实际情况选择其中一种控制模式对中央空调系统进行控制（表3-2）。

系统控制方式 　　　　　　　　　　　　　　　　　　　　　　　　表3-2

控制方式			控制方法
远程控制	远程自动控制	时序控制	一种基于预设时间表来对设备进行启停控制和优化运行的模式。在此模式下，控制系统自动按照由用户设置的设备运行时间表对设备进行启停操作和优化运行控制
		主机群控	当冷热源主机提供控制接口时，节能控制装置提供一种既满足当前空调负荷需求又使主机维持高效运行的控制方式。在有多台制冷主机并联运行的情况下，应能实现主机运行台数的优化控制，使主机尽可能在高效状态下运行
	远程手动控制		由操作人员按照自己的运行经验或管理要求在能效管控系统的中央控制器（工作站）对空调系统进行控制，包括启停控制和运行控制（即运行参数调节），以实现其特殊需求或管理节能
	第三方控制		能效管控系统提供符合国际标准通信协议的软件接口，以便实现与第三方控制系统（如楼宇自动化系统 BAS）之间的通信，为第三方控制中央空调系统提供了方便
就地控制	分布式控制		当能效管控系统的中央控制器或通信网络发生故障时，控制系统自动转入"分布式控制"模式运行。由各个能效控制柜（箱）中的智能控制单元应用内置的控制算法独立进行分散控制，以确保空调系统正常运行
	人工手动控制		由操作人员在各个能效控制柜（箱）面板上进行控制操作，根据自己的工作经验控制设备的运行。为设备的控制提供了一种备用的使用方法

3. 能效监测功能

示范工程能效管控平台可实时监测冷站系统 COP，各冷水机组 COP；实时监测冷站运行能耗，运行功率；实时监测冷站设备开/关机状态；具备根据国内或国际标准对冷站能效进行评级功能；实时监测冷凝器趋近温度（端差）；具备远程监测功能，可在远程 PC 端和手机、IPAD 等移动终端实现中央空调系统远程监测，可提供远程界面对中央空调管控系统进行监测管理和策略下发。

4. 数据分析功能

示范工程能效管控平台提供能耗曲线、主机效率曲线、能耗累计值、操作记录和故障记录等数据，以对整个中央空调系统运行情况做全面分析。

（1）能耗曲线：主要以曲线的方式提供对主机系统、冷冻水泵系统、冷却水泵系统能耗的监视。可直接查询最近七天的历史曲线记录（图3-26）。

（2）系统和主机效率曲线：主要是对系统和主机效率曲线的监视。软件将根据系统和各主机平均 COP 变化情况自动绘制效率曲线；也可选择所需查看的日期，系统会自动生成指定日期的效率曲线（图3-27）。

（3）能耗累计值：提供各设备（包括：空调主机、冷冻水泵、冷却水泵和冷却塔风机）的累积能量消耗。也可根据需要查询每一天的设备能量消耗量（图3-28）。

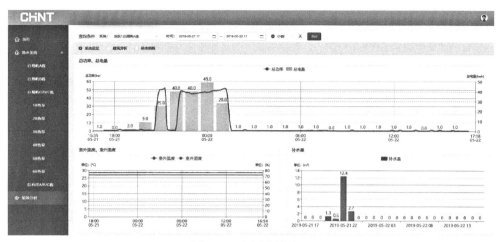

图 3-26　能耗曲线界面

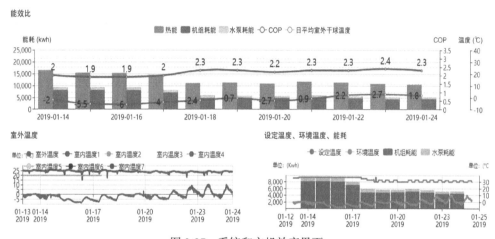

图 3-27　系统和主机效率界面

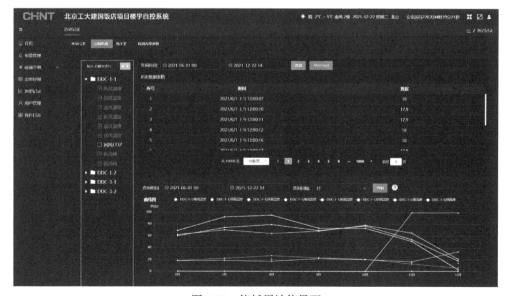

图 3-28　能耗累计值界面

四、应用效果和推广价值

北京工大建国饭店项目以能耗最低为目标函数，以室内舒适度为约束条件，优化热泵机组出水温度等运行参数，以实现建筑运行能耗的降低。

其中，优化控制手段基于模型预测控制实现，该方法可实现能耗的大幅度降低。模型预测控制的基本思想是：在每个时间步长内，求解有限时域的优化控制问题，特点在于可以将所要优化的目标函数和系统的约束条件以一种系统的方式来整合处理，并通过滚动优化的方式实现在线优化。

图 3-29 所示为示范工程采取前馈式控制技术实现逐日能耗变化的结果。从图中可以看出，系统在供冷季和供暖季时，逐日能耗增加较快而过渡季能耗没有显著变化。在前馈控制方法下，实现建筑空调能耗比前一年降低 19%，空调工况下建筑使用者对室内舒适的满意度均在 80% 以上。

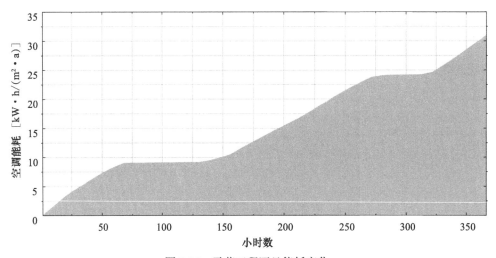

图 3-29　示范工程逐日能耗变化

示范工程以建筑能耗限额为目标，建立一套合适的空调系统前馈控制方法，实现绿色建筑精细化管理优化；确定了建筑能耗限额，利用模型预测控制构建了前馈控制技术，并建立了能效管控平台以实现该技术。通过示范与应用，示范工程可有效降低建筑运行能耗，满足其建筑能耗限额。

目前该项示范工程已建立了基于能耗限额的前馈控制技术基本框架并对此进行了测试验证，后续可将基于能耗限额的前馈控制技术进行长期验证对比，并将该技术进一步推广应用于其他公共建筑。

案例 7　中国建筑技术中心试验研发楼

项目名称：中国建筑技术中心试验研发楼

建设地点：北京顺义区林河大街 15 号

占地面积：3.94 万 m^2

建筑面积：5.77 万 m^2

竣工时间：2015 年

获奖情况：

1. LEED-NC 认证

2. 中国三星级绿色建筑设计标识

扫一扫即可浏览
本章高清图片

一、项目概况

中国建筑技术中心试验研发楼位于北京市顺义区林河工业开发区中国建筑股份有限公司技术中心园区，用地总面积 3.94 万 m^2，总建筑面积 5.77 万 m^2，于 2015 年投入使用。技术中心试验研发楼共七层，建筑功能主要为实验室、办公室和会议室（图 3-30）。

图 3-30　中国建筑技术中心试验研发楼

本项目从创造舒适的试验环境、采用先进技术设备、降低运行维护成本三方面来提高建筑综合品质。在技术体系的选用上，因地制宜地应用了一系列建筑绿色节能技术，在技术产品选择和使用时，兼顾实际使用效果和展示示范意义，从而提升整个建筑的宣传示范效应。

本项目采用的主要绿色建筑节能技术如下：

（1）自遮阳双层呼吸式幕墙技术。呼吸式幕墙由内外两层玻璃幕墙组成，两层幕墙之间形成通风换气层，受空气流通循环的作用，减小内幕墙与室内温差，同时提升隔声效果（图3-31）。

图3-31　呼吸式幕墙

（2）地源热泵系统。本项目充分利用现场条件，合理布置地下热交换器（图3-32）。全年供冷的冷却水系统采用自然冷却方式，通过阀门的切换，可以实现：① 夏季采用冷却塔＋热泵机组供冷；② 过渡季节、冬季可以在不开启冷却塔的情况下，直接采用地源侧冷却水。

图3-32　地源热泵机组与地源侧供水管

（3）智能化照明系统。智能化照明系统包括：① 照度传感器控制，自动探测房间亮度进行照明的开关或调光控制；② 人体感应控制，根据人的进入和离开，自动控制照明的开关；③ 程序定时控制，由程序定时器预先设定的日程信号进行场景的切换控制；④ 模式控制，依照时间和用途进行照明的场景切换；⑤ 群组控制，各部门照明统一亮灯熄灯；⑥ 集中监视与控制，一个系统集中监控256个回路的照明灯具，可防止忘记关灯的现象（图3-33）。

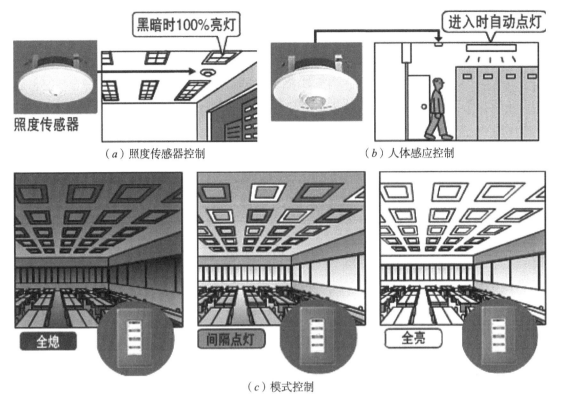

（a）照度传感器控制　　　　　　　　（b）人体感应控制

（c）模式控制

图 3-33　智能化照明系统应用示意

（4）导光管系统。导光管系统具有环保性，系统各部件可回收利用，燃烧无毒；100%利用自然光照明；具备密封性、安全性、保温性和隔热性。

二、创新技术成果

中国建筑技术中心试验研发楼项目采用了先进设备和绿色技术，但由于系统复杂、运维难度大，且系统长期运行在部分负荷下，导致运行调控存在一定偏差，在舒适度和节能方面仍存在提升空间。

作为"十三五"国家重点研发计划项目"基于 BIM 的绿色建筑运营优化关键技术研发"的示范工程之一，中国建筑技术中心试验研发楼项目通过科技成果转化，在不进行大规模改造的情况下，依托建筑原有智能化系统的实际运行能力，结合以满意度为导向的动态调控需求，提出了一套符合既有建筑调控需求的在线监测与调控系统，有效提高了建筑运行数据监控的实施效率并降低了投资门槛，提高了跨建筑、跨系统、跨专业的数据融合能力。同时，本示范建筑以人员满意度作为调控导向，通过理论模型与现场系统实测的方式，诊断环境与能耗缺陷，建立运行调控优化方法，在能效提升的同时保持满意度在较好的水平（图 3-34）。

1. 能源和环境在线监测系统

本项目基于现有绿色建筑系统配置特征与典型建筑（办公、商业）满意度调控系统的部署方案，结合研究成果与对绿色建筑的调研结果，开发了一套面向绿色建筑运营的环境性能数据评估最小可接受点位在线监测与调控系统。对于与本项目类似的已落成交付运营的既有绿色建筑，在不进行大规模改造的情况下，可依托建筑原有智能化系统的实际运行能力，结合以满意度为导向的动态调控需求，根据项目暖通空调系统的实际配置情况，重新设计环境和系统运行状态数据采集系统方案，并根据建筑实际使用情况选择重点区域进行点位部署。新部署监测系统的投入使用可弥补原有楼宇自动化系统在传感点位数量及部署方式方面的不足，以实践论证建筑环境性能动态数据采集方案的可行性和实用性。

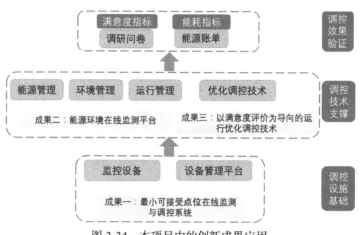

图 3-34 本项目中的创新成果应用

2. 以满意度评价为导向的优化调控

在建筑物的整个运行季节里，空调负荷随着季节更迭、早晚更替、功能区变动、人员波动、需求变化而不断变化。为了满足不同负荷情况下室内人员满意度的要求，需要暖通空调系统对不同负荷有及时、合适的响应。本项目的成果将主要应用于暖通空调系统，通过理论模型与现场系统数据实时反馈的方式，确定房间热湿环境、设备运行与建筑能耗的初始状态，诊断设备性能、建筑舒适性与能耗缺陷，以室内环境、末端运行、负荷波动情况等满意度评价相关的分项指标为导向，在示范现场进行运行策略试验与测试，从而给出更合适的运行策略，提升系统运行性能并进一步提升人员对环境的满意度。

根据项目现场实施条件，重点以地源热泵＋FCU＋新风系统为对象实施优化调控策略，实现面向人员满意度的室内环境指标的优化调控、空调季的冷冻水／热水输配系统的动态调控和面向冷机 COP 的优化调控。这些调控技术将依托在线监控系统实现，同时调控结果，将反馈至满意度评价结果和成本测算结果中，形成闭环。

三、示范实施过程

1. 部署能源环境在线监测模块

基于本项目现有系统配置基础，项目组针对主要设备的电能、管道的热能、热泵机组运行状态、组合式空调机组运行状态以及室内外环境状态部署了底层监测网络与系统调控方案。调控区域范围包括办公楼 5 层、实验楼 4 层及冷热源机房。

调控系统部署范围聚焦在建筑用能占比最高的暖通空调系统和对满意度影响最大的建筑室内环境两方面（图 3-35）。监测系统将对各功能区的环境满意度重要指标及暖通空调系统主要设备运行状态和能源消耗数据进行实时在线监测，以满足满意度模型和运营成本评价模型的数据要求。

图 3-35　调控方案部署范围示意

经广泛调研发现，目前大量既有建筑中，暖通空调系统存在关键点位运行数据不足、重点用能设备分项能耗数据不足、设备及系统间数据孤岛严重等问题。但重新部署一套监测与控制点位通常伴随着决策难、施工难、费用高等困难。基于此种现状，本项目示范工程部署的能源环境在线监测模块无须断电操作和铺设大量电线，避免了在复杂机房里拉线、在办公空间里破墙的问题，安装方便，不妨碍正常办公与系统正常运行。设备安装实施过程如图 3-36 所示。

2. 系统监测平台和功能实现

项目监测设备采集的数据传输至该项目的设备管理平台，进行统一设备管理与数据展示。平台包含了项目设备基础管理、在线与异常管理、运行数据管理等功能，使示范工程采集的运行数据可视、可管、可控；同时可实时捕获异常故障设备、辅助快速定位设备故障原因，降低维护成本，使整套监测装置维持在良好的运行状态。图 3-37 所示为监测设备采集运行数据在设备管理平台上的展示页面。

图 3-36　设备安装实施

图 3-37　技术中心研发楼运行监测管理平台界面

同时，监测数据可进一步接入 BIM 运维平台，应用于建筑日常优化运营调控。技术中心试验研发楼在运维管理方面采用了 BIM 技术，通过对上下游数据进行需求分析，建立 BIM 模型，协同管理、精准执行，实现 BIM 模型数据的无缝连接。BIM 运维平台重点实现设备管理、应急管理、建筑节能监控等功能，有效提高了整体运营效率，为绿色建筑运行评估提供数据基础。另外，通过建立设备运维知识库以及运维计划，可实现设备检修、故障报修以及应急处理。

本示范平台在建筑三维模型的基础上设计了能源系统监测、室内环境实时监测与设备运行状态监测的数据曲线；同时，还将各层各室的室内环境数据进行定位、展示、统计，监测并调控风机盘管的运行状态，为开展基于 BIM 的绿色建筑日常运维与调控提供支撑（图 3-38）。

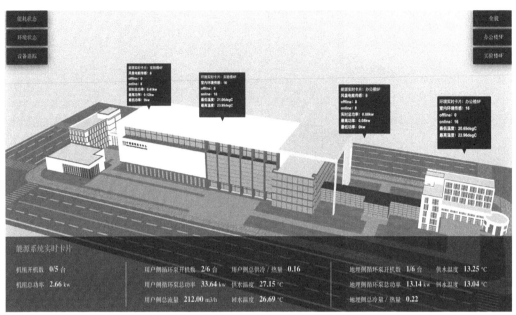

（a）技术中心试验研发示范楼全貌模型页面

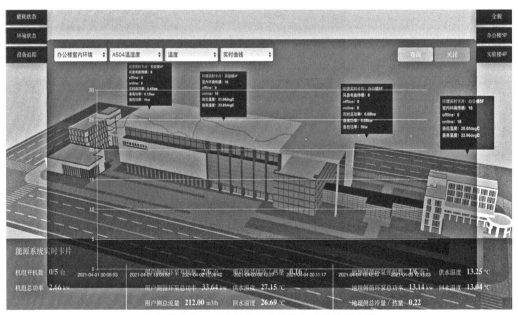

（b）技术中心试验研发示范楼设备追踪数据曲线

图 3-38　BIM 运维平台页面（一）

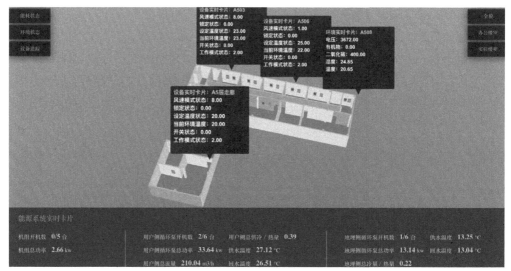

（c）示范工程办公楼区域部分模型页面

（d）示范工程试验楼区域部分模型页面

图 3-38　BIM 运维平台页面（二）

3. 以满意度评价为导向开展运行优化调控

1）面向人员满意度的室内环境舒适指标调控策略

基于人体舒适感受的末端风口部署——本示范工程末端环境主要采用风机盘管＋新风的运行方式，所有风量和冷热量均通过风机盘管出风口输送至各用能区域，直接影响了人员对环境的舒适感受和满意度。通过分析风口状态对整个室内环境的影响，在不同负荷情况下合理调控风盘运行，使室内环境满足舒适需求（图 3-39）。

2）输配系统的优化调控策略

本项目在传统变流量系统的基础上，将运行流量与建筑环境、末端运行状态和冷机能效等因素关联调控，以改变传统变流量系统仅基于水泵运行能耗执行"压差控制"和"温差控制"等方法的控制方式，现场设施情况见（图 3-40）。变流量系统优化策略着重于分析与计算方法的示范，将水泵运转频率与多种运行指标联合计算，找到满足室内环境满意度目标需求的控制点。

地源热泵变循环水流量策略实验中，主要针对用户侧水泵以及地埋侧水泵的频率进行调节控制，以达到改变用户侧以及地埋侧循环水流量的目的。

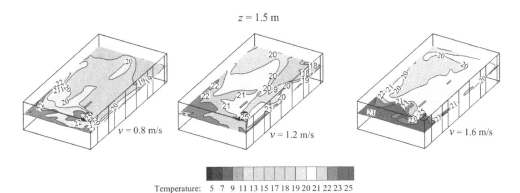

图 3-39　模拟房间 1.5m 高处温度分布

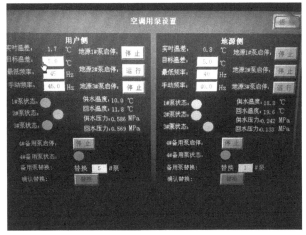

图 3-40　测试设备以及现场工作

3）面向冷机 COP 的优化调控策略

影响冷水机组能耗的因素主要有三个：负荷、冷冻水出水温度与冷却水进水温度。本项目对多台协同运行的热泵机组开展运行 COP 的优化调控，同时将此调控策略与建筑运行满意度指标相关联，根据不同运行工况下室内环境满意度的达成情况与能耗代价的实际投入产出比分别进行调控，最终实现环境热湿满意度指标和冷机能效指标综合优化的效果。

应用优化控制策略前，热水供水温度恒定为 42℃。为满足全天候负荷需求，系统全天连续运行，因此系统大部分时间在部分负荷下运行，冷水机组性能系数偏低，造成了一定的冷量浪费。依据实测数据校验后得到的暖通系统计算模型，项目组获得了不同室外温度下风机、冷机及水泵运行的最优组合策略。以室外温度 0℃为例，不同组合搭配运行下的负荷、室内环境温度及总能耗见表 3-3。

室外温度 0℃风盘系数 0.8 条件下热泵机组运行方案　　　　　表 3-3

水泵频率（Hz）	供水温度（℃）	38	39	40	41	42	43	44	45
30Hz	负荷（kW）	179.25	192.05	204.86	217.66	230.46	243.27	256.07	268.87
	室内环境（℃）	15.48	16.59	17.69	18.80	19.90	21.01	22.12	23.22
	能耗（kW）	226.36	249.19	273.19	298.35	324.69	352.20	380.88	410.73
35Hz	负荷（kW）	183.76	196.89	210.02	223.14	236.27	249.39	262.52	275.64
	室内环境（℃）	15.87	17.00	18.14	19.27	20.40	21.54	22.67	23.81
	能耗（kW）	235.77	259.17	283.78	309.58	336.58	364.78	394.18	424.79
40Hz	负荷（kW）	187.44	200.83	214.21	227.60	240.99	254.38	267.77	281.16
	室内环境（℃）	16.19	17.34	18.50	19.66	20.81	21.97	23.13	24.28
	能耗（kW）	245.73	269.60	294.70	321.02	348.56	377.32	407.31	438.53
45Hz	负荷（kW）	190.50	204.11	217.72	231.33	244.93	258.54	272.15	285.76
	室内环境（℃）	16.45	17.63	18.80	19.98	21.15	22.33	23.50	24.68
	能耗（kW）	256.72	280.98	306.48	333.23	361.22	390.46	420.94	452.67
50Hz	负荷（kW）	193.12	206.91	220.71	234.50	248.30	262.09	275.89	289.68
	室内环境（℃）	16.68	17.87	19.06	20.25	21.44	22.64	23.83	25.02
	能耗（kW）	269.10	293.69	319.55	346.66	375.04	404.68	435.58	467.74

四、应用效果和推广价值

本示范项目在调研了大量现有绿色建筑运行调控现状的基础上，基于现有建筑调控优化空间，提出了建筑环境性能监测与调控系统最小部署方案，就如何在既有绿色建筑中低成本、高效率地实施"综合考虑满意度与运营成本的典型绿色建筑调控方法"展开示范，并得到关于空调系统冷热源优化、输配系统优化、室内环境控制的优化调控方法。综合室内环境满意度与系统运行能耗目标的综合调控方法，可进一步推广到现有调控设施与调控需求不匹配的既有建筑中，快速有效地实现能源系统与室内环境的优化调控。

案例 8　中建广场（上海）

项目名称：中建广场（上海）

建设地点：上海市浦东新区周家渡社区高科西路 899 弄

占地面积：1.66 万 m²

建筑面积：7.6 万 m²

竣工时间：2018 年

获奖情况：

1. LEED 铂金认证

2. 中国三星级绿色建筑设计标识

扫一扫即可浏览
本章高清图片

一、项目概况

中建广场项目位于上海市浦东新区，功能定位为 5A 级办公楼＋商业综合体，总用地面积 1.66 万 m²，建筑面积 7.6 万 m²。地上建筑由三栋楼组成，其中 1 号楼地上共 17 层，2 号楼 10 层，3 号楼局部 4 层（图 3-41）。

图 3-41　中建广场项目鸟瞰图

中建广场建设秉承三大原则：节能减排、资源回用、智能高效。建筑设计过程中，始终将被动式建筑设计放在首位，通过对建筑形体、造型、总体布局、立面设计、材料能源选择等多方面进行优化，各专业之间进行协调、有序、科学的整合设计，体现了资源节约、环境友好、绿色低碳的生态理念。其中和运行节能相关的绿色技术措施主要包括：

1. 高效冷热源设备

项目冷源采用冰蓄冷系统，该系统是运营期间需重点维护且对整体系统运行及能耗、电费情况影响较大的系统（图 3-42）。主机采用 2 台双工况离心式电制冷冷水机组，并设置了 17 台容量为 1337kW 的整体式蓄冷槽，采用双工况制冷机组在上游、冰槽在下游的串联系统和冰优先的运行策略。热源为 2 台制热量为 1744kW 的燃气真空热气锅炉，锅炉热效率达到 94%。

图 3-42　空调冷源设备

2. 冷凝热回收

离心式冷水机组采用冷却水热回收技术，最大可回收的热量约为 250kW，满足夏季供冷期间餐厅和办公楼的生活热水需求。两台真空燃气锅炉排烟合用一台烟气冷凝热回收装置，每天满足办公楼生活热水所需的 250kW 热量。

3. 排风热回收

办公室设计机械排风系统，标准层的新风在屋面上先与办公室排风进行能量交换，回收排风中的能量，降低新风负荷。项目所采用的热管式显热排风热回收装置的额定温度热交换效率在制冷工况下大于 60%，在制热工况下大于 65%。

4. 部分负荷节能

本项目将商业和办公楼分为两个大的系统。其中办公区按照内外区设置变风量空调系统，商业部分采用风机盘管加独立新风系统；空调水系统采用二级泵系统：一级泵采用定流量，二级泵采用变流量，变频冷冻水泵流量由最不利环路的末端压差来控制。

项目设置了独立的冷却水系统，可满足办公租户计算机房全年不间断的空调要求，当冬季冷水机组停止运行后，可实现冷却塔免费供冷；2 号楼屋顶配制了闭式冷却塔供其使用。

二、创新技术成果

中建广场项目定位于具有全国影响力的绿色示范工程，在设计中集成应用了冰蓄冷、雨水回收、冷却塔免费供冷等多项技术。在投入运行以后，设计状态和交付状态下建筑各个点位的准确性、数量和布局存在一定偏差，导致部分建筑智能化系统难以开展有效的调控动作。

作为"十三五"国家重点研发计划项目"基于BIM的绿色建筑运营优化关键技术研发"的示范工程之一，项目通过科技成果转化，结合以满意度为导向的动态调控需求，提出了一套符合既有建筑调控需求的轻量化在线监测系统，弥补了原有系统用户室内环境满意度分项指标数据无法获取和调控功能故障或缺失的问题，为优化调控做好设施准备；另外，满意度评价技术与建筑运营成本快速测算技术应用结果互为边界，为实现环境与能耗的双重优化调控提供借鉴（图 3-43）。

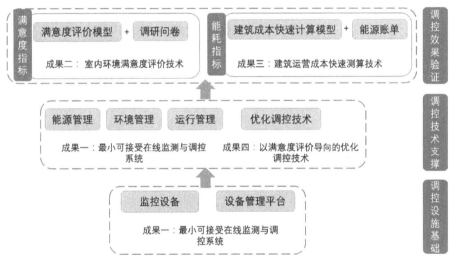

图 3-43　本项目中的创新成果应用

1. 能源和环境在线监测系统

对于与本项目类似的已落成交付运营的既有绿色建筑，原本已具备较成熟的楼控平台，但由于建筑需求和功能的变化，以及长期运行后部分设备或功能故障未及时修复，导致当前调控已不能完全满足需求，或具备较大的优化空间。在这种情况下，整体修复楼控平台将产生巨大的费用和其他成本，业主方也较难做出整体优化或更新的决策。在不进行大规模改造的情况下，本成果可依托建筑原有建筑智能化系统的实际运行能力，结合以满意度为导向的动态调控需求，根据项目暖通系统的实际配置情况，重新设计最小可接受的环境和系统运行状态数据采集系统方案，并根据建筑实际使用情况选择重点区域进行点位部署。新部署监测系统的投入使用可弥补原有楼宇自动化系统在传感点位数量及部署方式方面的不足，提出优化运行建议，以实践论证建筑环境性能动态数据采集方案的可行性和实用性。

2. 室内环境满意度评价技术

通过选取上海、北京、郑州、武汉、宁波等地数十栋建筑开展人员室内环境满意度调研和环境空间数据采集，建立了空气品质、声、光、热环境分项满意度评价模型，以及基于分项满意度评价指标权重的总体满意度评价模型。对于上海中建广场项目，通过提取建筑局部空间的室内环境参数和建筑空间参数等信息，将其代入融合空间属性的满意度评价模型，可直接计算得出该局部空间分项及总体满意度评价结果，建筑整体满意度可由评价所得局部空间满意度按面积加权得到。基于该技术成果，可实现基于运行数据的建筑室内人员满意度实时预测，从而为系统运行提供调控依据。

3. 建筑运营成本快速测算技术

建筑运营成本模型是指通过输入一组建筑运营的基本参数和特征属性，系统通过构建数据模型进行分析计算，输出合理的运营成本估算结果。本成果利用建筑关键变量因子进行建筑负荷预测，可基于简单的诸如气象参数、建筑热工参数和围护结构参数等实现建筑冷、热负荷的估算，并保证模型在典型建筑和典型系统条件下具有可信性，从而可快速获得能耗预测结果。

三、示范实施过程

1. 项目既有 BIM 运维平台基础

本项目在建设初期即规划了 BIM＋FM 运维管理平台（图 3-44），以传统物业管理为主、BIM 运维管理为辅，打造具有标杆性、创新性的全新运维管理模式。

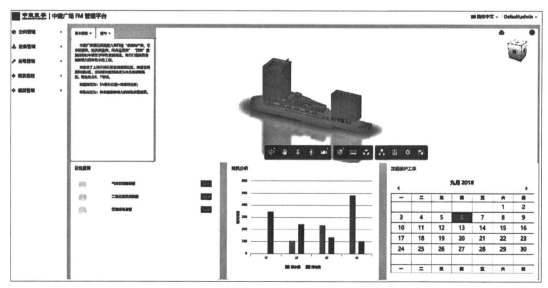

图 3-44　中建广场现有 FM 管理平台页面

平台根据物业运维管理需求提出专业的业务需求，依据 OmniClass 国际标准制定 BIM 运维设备分类及编码标准，制作了中建广场各层设备清册和设备规格表。功能包含空间管理模块、设备管理模块、运维管理模块和能耗管理模块四个部分（图 3-45）。

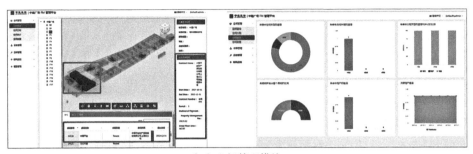

（a）空间管理模块

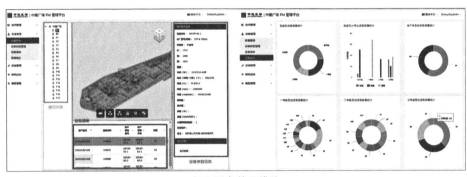

（b）设备管理模块

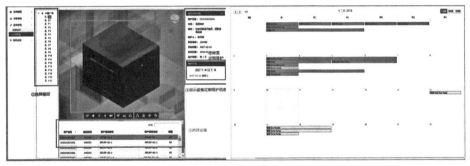

（c）运维管理模块

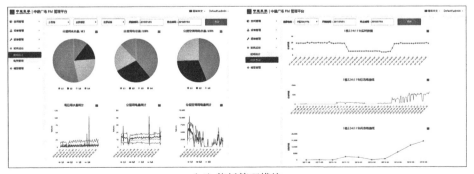

（d）能耗管理模块

图 3-45　BIM ＋ FM 平台功能模块

基于现有 BIM 平台，为了进一步提升设备系统性能调控和室内环境监测反馈功能，本项目重点优化在线监测系统、运营成本快速测算、室内环境满意度评价方法以及以满意度评价分项指标为导向的优化调控四个部分。

2. 能源和环境在线监测系统实施

基于本项目的现有系统配置基础，项目组针对主要设备的电能、管道的热能、制冷机组运行状态、组合式空调机组运行状态以及室内外环境状态部署了底层监测网络，覆盖范围包括 1 号楼 19 层、3 号楼 1~3 层及冷源机房。监测系统将对各功能区的环境满意度重要指标及暖通空调系统主要设备运行状态和能源消耗数据进行实时在线监测，以满足满意度模型和运营成本评价模型的数据要求。部署实施过程如图 3-46 所示。

图 3-46 设备安装实施

3. 建筑运营成本快速预测技术

基于本项目建筑基本信息与监测获取的运行数据，在模型软件界面输入建筑外形布局类数据、围护结构热工性能数据、运行及使用数据、天气数据、设备性能参数、时间表数据，数据输入界面如图 3-47 所示。

应用软件预测建筑的总能耗指标为 97.95kW·h/（m²·a）；物业提供的电费账单显示建筑实际总能耗指标为 109.34kW·h/（m²·a），相对误差为 10.42%。

通过对比逐月模拟能耗值与实际建筑的每月能耗账单（图 3-48），整体平均相对误差为 12.29%。

以过渡季 4 月、5 月照明插座能耗平均值为基准，过渡季空调系统不开启，则认为该数据为真实照明插座能耗水平，将 6—10 月的照明插座能耗账单值与上述过渡季平均值做差，认为该差值为空调系统末端设备能耗。由此分析供暖空调能耗指标，得到空调季能耗实测值与预测值总电量的相对误差为 3.18%，如图 3-49 所示。

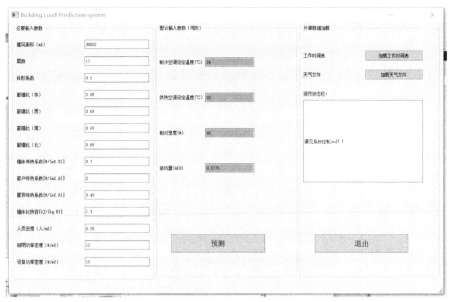

图 3-47　运营成本快速预测软件界面

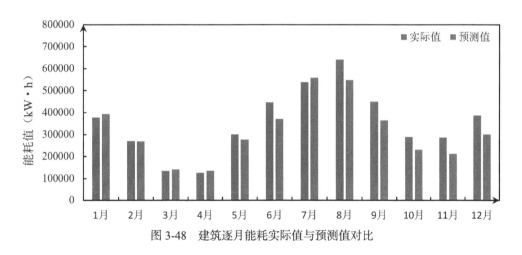

图 3-48　建筑逐月能耗实际值与预测值对比

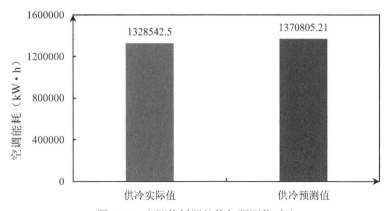

图 3-49　空调能耗调整值与预测值对比

4. 室内环境满意度评价技术

本项目选取办公、商业楼的典型空间，共布置 50 个采集点位，分别开展了非空调工况和空调工况下环境空间参数的集中采集，采集参数包括房间面积、室内温度、湿度、CO_2 浓度、室内照度、噪声、距窗距离。典型层平面采集点位如图 3-50 所示，对应点位空调工况下环境空间参数见表 3-4。

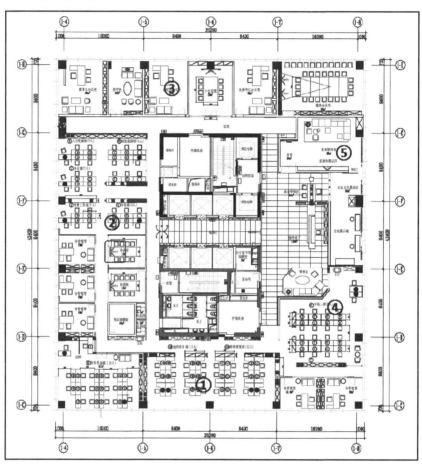

图 3-50 典型层参数采集点位示意

空调工况环境空间参数采集情况 表 3-4

测点	房间面积（m²）	温度（℃）	湿度（%）	C_{CO_2}（ppm）	室内照度（lx）	噪声（dB）	距窗距离（m）
1	188	25.4	23	704	540	64.9	4
2	156	25.5	30	780	420	62.2	4
3	110	25.6	27	770	442	61.1	4
4	142	21.2	21	760	430	59.4	5.6
5	131	21	25.8	780	650	59.5	5.2

将上述环境、空间参数代入满意度评价模型，可得到非空调工况和空调工况下各分项满意度和建筑总体满意度。按照各局部区域面积加权计算得到建筑整体室内环境满意度结果，见表 3-5。

不同工况下建筑整体满意度评价结果　　　　　　　表 3-5

工况	热环境满意度 P_{0T}	光环境满意度 P_{0L}	空气品质满意度 P_{0A}	声环境满意度 P_{0N}	室内环境综合满意度 P_0
非空调	84%	79%	85%	78%	82%
空调	95%	75%	85%	79%	82%

为了验证该评价技术的应用效果，项目组同步设计并发放了 65 份室内环境满意度调研问卷。调研结果显示本项目在非空调工况下室内环境综合满意度达到 81.7%，其中热环境、光环境、声环境和空气品质满意程度分别为 81.4%、80.3%、76.9% 和 81.3%；空调工况下上述指标分别为 80.6%、88.9%、77.8%、80.0% 和 83.3%，与模型计算结果的值及趋势基本吻合。

5. 以满意度评价导向的优化调控技术

项目通过分析组合式空调机组不同送风温度与风量搭配下的舒适情况与整体能耗，整定了机组的出风运行参数，使之保持在满意度达标下整体能耗最优的状态；通过监测室内环境、末端运行状态与负荷指标，联动调控循环水泵流量，使其流量大小与分配更吻合实际负荷需求；基于已发生的负荷数据动态预测将来负荷，优化蓄冰与制冷排期，控制电价峰值期的融冰量，节约整年运行费用。

6. 系统平台和平台功能

项目监测设备采集的数据传输至该项目的设备管理平台，进行统一设备管理与数据展示。该平台包含项目设备资产基础管理、在线与异常管理、运行数据管理等功能，使示范工程采集的运行数据可视、可管、可控；同时可实时捕获异常故障设备、辅助快速定位设备故障原因，降低维护成本，使整套监测装置维持在良好的运行状态。

同时，这些监测数据可进一步接入 BIM 运维平台，应用于建筑日常优化运营调控。监测数据点位部署方案根据日常运维需求设计，在应用中可较好地实现运维意图。本示范平台在建筑三维模型的基础上设计了能源系统监测、室内环境实时监测与设备运行状态监测的数据曲线；同时，还将各层各室的室内环境数据进行定位、展示、统计，监测并调控风机盘管的运行状态，为开展基于 BIM 的绿色建筑日常运维与调控提供支撑（图 3-51）。

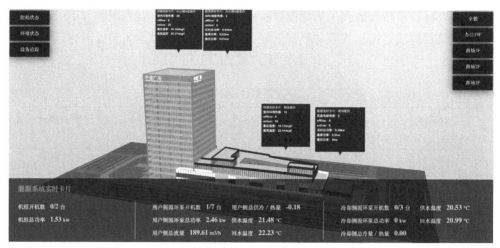

（a）中建广场示范楼全貌模型页面

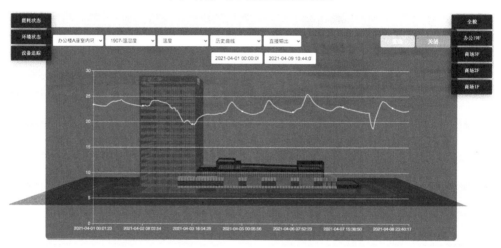

（b）中建广场示范楼设备追踪数据曲线

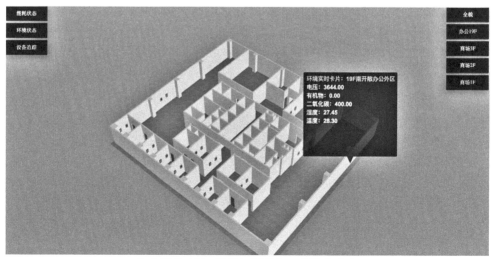

（c）示范工程1号楼办公区域19层模型页面

图 3-51　BIM 运维平台页面（一）

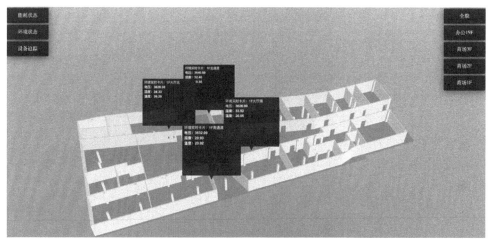

（d）示范工程 3 号楼商业区域 1 层模型页面

图 3-51　BIM 运维平台页面（二）

四、实施效果和推广价值

本项目提出了一套符合既有建筑调控需求的在线监测系统，弥补了原有调控功能故障或缺失的问题，为优化调控做好设施准备；同时以人员满意度作为调控导向，在能效提升的同时保持满意度在较高的水平，实现了环境与能耗的优化调控。

在满意度评价方面，项目采用传感设备在线监测、现场测试及线上线下问卷调研相结合的方式，为办公建筑场景下的室内环境满意度影响因子参数化特征库的构建提供了有力支撑，辅助建立了包括光环境满意度、热环境满意度、空气品质满意度、声环境满意度的分项模型和综合满意度模型，为结合 BIM 模型实现满意度评价的可视化和满意度管理的智能化提供了理论依据，可用于实际建筑内的满意度评价与提升。

在建筑能耗评价方面，项目标记了与人员满意度相关的因素，对建筑总体及空调系统的能耗进行预测，结果的精度和可信度都较高。可作为其他建筑能耗快速预测方法进行推广，通过输入建筑基础设备与运行数据，可低成本、快速获得建筑能耗情况。

在运行调控方面，本示范项目就如何在既有绿色建筑中低成本、高效率地实施调控成果展开示范；通过理论研究、模拟结果与运行数据相结合的方式，提出了综合室内环境满意度与系统运行能耗的绿色建筑调控方法，可进一步推广到现有调控设施与调控需求不匹配的既有建筑中，快速有效地实现能源系统与室内环境的优化调控。

案例 9　中国科学院自动化所自动化大厦

> **项目名称：**中国科学院自动化所自动化大厦
> **建设地点：**北京市海淀区中关村东路 95 号
> **占地面积：**0.1 万 m²
> **建筑面积：**2.2 万 m²
> **竣工时间：**2003 年 5 月
> **获奖情况：**
> 1. 2001 年度结构"长城杯"工程
> 2. 2002 年度建筑长城杯银质奖工程
> 3. 2007 年度中国建设工程鲁班奖

扫一扫即可浏览
本章高清图片

一、项目概况

中国科学院自动化所自动化大厦（图 3-52）位于北京市海淀区，建筑地上 13 层，地下 1 层，建筑面积 2.2 万 m²，高 57m。地上部分为科研及办公区域，地下为人防工程、设备机房及体育活动室。

项目夏季采用中央空调供冷，冷源由位于地下室的四组螺杆式冷水机组提供。冬季采暖热源为市政热力，建筑地下负一层设换热站，通过换热板集中换热后供入全楼各散热器。

图 3-52　中国科学院自动化所自动化大厦实景

自动化大厦建成于 2003 年，采用了地源热泵空调系统、雨水收集系统、LED 照明和日光感应系统等绿色技术。2015 年，在中国科学院节约型办公建筑节能的倡导下，建设完成科研院所能效监测系统，并增加了环境监测模块（图 3-53）。

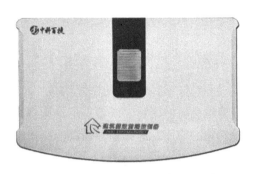

图 3-53　项目绿色建筑技术应用情况

二、创新技术成果

自动化大厦虽然建成时间较早且初期智能化技术及产品运用较少，但应中国科学院要求于 2015 年始建的"科研院所能效监测系统"不仅包括空调能耗监测系统，还包括照明能耗监测系统、动力能耗监测系统、给水能耗监测系统。每个系统不但对建筑能耗进行了分户分项的监测，同时分别安装在每个楼层公共区域的前端能效控制器对建筑内部的光照、粉尘、人流，以及温湿度进行了实时采集。因此，本项目可为建筑的多元表达模型与相关控制技术的示范应用提供良好条件，同时本项目对基于 BIM 的统一运维管理平台也有较为迫切的需求。

本示范工程应用了自主研发的基于 BIM 的多元建筑－环境－运行数据建模技术，通过调研业主能耗监控管理需求，开发并应用了基于 BIM 的绿色建筑能耗监控系统。主要的创新技术成果包括：

（1）自主研发设计的新型建筑环境能效控制器，实现实时感知室内多种环境参数信息和控制电气系统功能，对建筑能耗数据、机电设备运行数据及室内环境数据进行深度挖掘,建立多元建筑-环境-运行数据表达模型。

(2)建立基于环境感知的建筑能效优化系统解决方案,在保证室内人员健康舒适生活的同时,做到有效避免能源浪费,实现建筑能源的高效利用。

(3)开展基于机器学习的智能建筑电能优化和控制,采用分布式双迭代 Q 学习自适应动态规划方法,直接根据用户用电数据以及实时电价数据更新迭代 Q 函数和迭代控制规律,实现电能的自学习优化匹配与控制。

(4)通过分类分项建筑能耗数据采集、室内环境信息感知与机电设备运行监控,智能化分析用户耗能模式和舒适度需求,并针对每一个用户制定个性化的节能策略。

(5)结合建筑的 BIM 数据,将与楼宇自动化有关的控制指令接入 DDC,完成与楼宇自动化系统的完整交互,实现对室内电气系统的控制,从而达到能效优化和室内空气品质提升的双重目标。

三、示范实施过程

1. 运营需求分析

1)物业部门与使用方的协同需求

当建筑交付使用后,设备系统在运行时发生的各项有关水、电等,由业主按实际消耗量支付相关的费用,而物业管理部门则担负建筑在日常运营过程中产生的公共用电、公共用水等能源消耗费用。这种模式下,物业部门在大力提倡建筑运维低碳节能理念的同时,也要求建筑使用者减少照明灯具过量使用、合理设定房间温度等,从而达到物业管理部门在建筑运营方面的低成本目标。

另外,尽管广大业主的节能意识越来越强,但是通过使用行政手段降低照度和减少照明时间、调控房间温度等方式来实现建筑节能的措施往往会受到业主主观阻抗,并容易触发对物业管理服务的投诉。

因此,虽然业主与物业部门在宏观节能理念上趋于一致,但在实际运行过程中面临着调和节能目标和使用者满意度这一矛盾的挑战,需要通过节能管理的可视化、节能措施的策略化以及节能方式的人性化来解决这一问题。

2)项目能耗管理进一步提升的需求

建筑主要用能能源种类为电能,具体包括空调系统、照明系统、建筑用电系统、动力系统、供水系统以及其他用能系统。目前,该项目已实现了能耗监测系统的运行,在用能数据可视化的基础上,相对此前已实现了约 10% 的节能率。

物业方希望通过试点应用 BIM 运维平台,完成对现有能耗监测系统的升级,在提升建筑节能效果的同时,通过空间有效数据的可视化进一步保障室内空气质量。基于物联网和数据挖掘技术实现对主要耗能设备的远程在线监测和建筑内环境信息的细粒度实时采集,采用数据挖掘算法制定个性化的节能策略,从而控制建筑内空调系统、新风系统、照明系统等楼宇自动化系统,使用户在满足工作生活舒适度的前提下,减少能源消耗,提高能源利用效率。

2. 基于环境感知的建筑能效优化系统架构

基于环境感知的建筑能效优化系统包括感知层、网络层、服务层和应用层，符合标准的物联网应用体系架构，如图 3-54 所示。

图 3-54　系统架构

1）感知层：负责现场采集建筑能耗数据和环境信息数据，由智能仪表、能效前端控制器和数据采集器组成。智能仪表包括智能电表、智能水表等物联网传感设备，完成能耗数据采集；能效前端控制器实现实时感知室内多种环境参数信息，并通过与楼宇自动化系统的交互，完成建筑能耗的反馈控制，以达到建筑能效优化的目标；数据采集器通过现场总线与现场智能仪表和能效前端控制器连接，构成一个完整的现场数据采集系统，实现数据采集、缓存、协议转换等，完成本地处理后，将数据封装成 XML 格式包，而后上传至网络层。

2）网络层：包括各种设施用以构建分布式网络，其中数据采集器在本层尤为重要，负责对感知层各种传感器采集的数据进行缓存、协议转换、数据过滤和网络传输，在整个应用系统架构中起到承上启下的作用。

3）服务层：基于环境感知的建筑能效优化系统中存在大量的感知数据，如何对大量的感知数据进行有效的整合和利用，是服务层的主要任务。服务层的功能是对从网络层传输汇聚的大量信息进行处理，从而为应用层提供基础服务，包括数据存储和持久化服务、实体注册管理服务、Web 发布服务、事件服务等。

4）应用层：作为基于环境感知的建筑能效优化系统的最顶层，应用层主要利用感知信息为用户提供智能化的特定服务。包括：建筑能耗智能管理、室内空气质量监控、能耗设备运行监控、物业信息化管理、个性化节能策略管理、建筑能效优化管理和系统管理等。

3. BIM 模型创建和监测系统设计

作为系统基础信息的支撑，项目使用 BIM 信息化模型对建筑、设备及环境检测仪进行包含完整信息的三维立体展现。

根据示范建筑的建筑图纸，构建建筑整体的 BIM 模型，结合示范建筑的能耗监管平台的设计图纸，与新增的环境监测和能源高效利用系统设计点位图，完成示范建筑的 BIM 的建模（图 3-55）。分布在建筑内部各个空间的环境监测仪，通过系统平台与数控中心数据相连接，做到了信息模型与后台数据的双向联动，起到了更直观有效的监控效果。

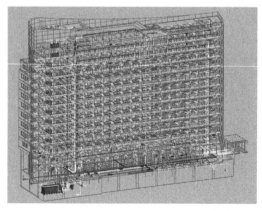

图 3-55　项目 BIM 模型

4. 能耗监测系统可视化

在继承原有能耗监测系统的基础上，利用 BIM 平台信息集成共享和可视化的特点，实现系统操作可视化。结合 SQL Sever 数据库技术，将模型中的设备信息导出到能耗监测子系统数据库中，建立较为完整的设备运维数据库。

进一步，将 BIM 数据库、日常运维信息库、组织与过程信息库以及非结构信息数据库在能耗监测子系统与建筑运维数据规范的约束下，利用数据接口与交换引擎，完成结构化数据的转换，实现能耗监测子系统与 BIM 数据融合与识别（图 3-56）。

　　将能耗监测点位的位置信息、尺寸大小、型号规格以及点位实时监测数据，与 BIM 模型中仿真描述相结合，BIM 仿真可视化与实际点位数据形成强势关联，实现监测点位数据的共享与集成。通过多点位安装，完成对能效前端控制器采集数据进行推演计算，同时空间内多点位 PM2.5、PM10、温度、湿度、照度、TVOC 和人流等数据的采集，实现 BIM 在能耗子系统中仿真的可视化支撑（图 3-57）。

图 3-56　节能监管平台组成

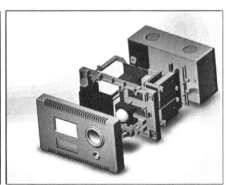

图 3-57　环境能效控制器

5. 平台软硬件建设

　　对建筑 BIM 模型进行处理，并根据业主需求及实际的管理流程进行功能构件的重新定义，形成一套满足于建筑自身管理需求的管理系统，最终完成系统的软硬件搭建。

1）公共区域楼层环境数据的采集

对不同楼层公共区域各增添 2～3 个能效前端传感器，负责对示范建筑公共区域的环境信息进行实时采集，其内部包含温湿度传感器、照度传感器、粉尘传感器、TVOC 传感器和人体红外传感器，能够监测室内温湿度、照度、粉尘浓度、TVOC 浓度和室内是否有人，为室内环境管理提供数据支持。

2）代表性房间的环境数据的采集

由于建筑采用南北向房间采光面分为东西向，同时考虑到示范建筑是科研办公建筑，因此代表性房间的首要选择是不能涉密。在不涉密的前提下，分别在不同楼层选取 2～4 个面向东侧与西侧采光的房间，完成能效前端传感器的新增，实现不同采光方位、不同楼层房间环境数据的收集。

3）基于 BIM 的绿色建筑运营智慧管理集成化平台开发

基于"建筑－环境－运行数据多元表达模型"、多源异构数据集成技术和多系统融合技术，根据示范建筑不同楼层公共区域的环境数据与有代表性房间的环境数据，在环境感知、建筑能效优化、智能建筑电能优化和协调优化控制方法下，结合 BIM、物联网、云计算和智能控制技术，建立基于 BIM 的绿色建筑运营智慧管理系统框架，开发基于 BIM 的设备设施管理系统、物业管理系统和能耗监测系统，通过系统整合和示范工程，实现基于 BIM 的绿色建筑运营智慧管理集成化应用。

将示范建筑中的设备设施数据与物业管理需求、能耗监控数据与管理需求数据、室内环境数据与环境需求构建成本地的 BIM 模型，在基于 BIM 的绿色建筑运营管理通用平台上进行计算，完成面向不同用户角色、不同管理层次、不同应用终端、不同管理流程的集成，数据智能分析等应用需求，实现绿色建筑运营的动态优化（图 3-58）。

四、实施效果和推广价值

自动化大厦项目采用分类分项建筑能耗数据采集和室内环境信息感知与机电设备运行监控，提供绿色建筑运营过程中空气质量－热环境－能耗信息等源数据，智能化分析用户耗能模式和舒适度需求，针对每一个用户制定个性化的节能策略，通过与楼宇自动化系统的交互，实现对室内电气系统的控制，从而达到能效优化和室内空气品质提升的双重目标。

由此，在绿色建筑 BIM 运维管理平台中，可以嵌入具有更强复杂事件感知能力的环境感知建筑能效优化系统解决方案，实现绿色建筑能源的高效利用，并可通过示范工程实现该方法在绿色建筑运维阶段的综合应用。

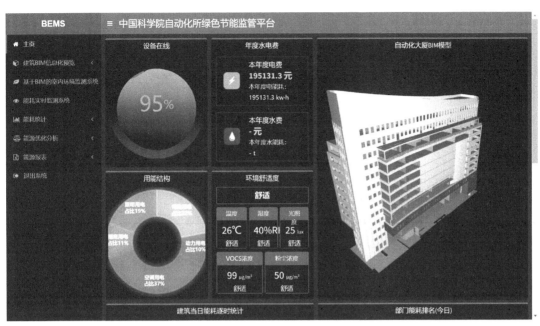

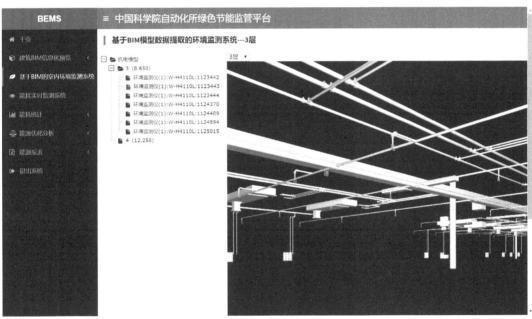

图 3-58　平台界面

第四章 功能导向的绿色建筑 BIM 运营平台集成

扫一扫即可浏览
本章高清图片

尽管建筑运营管理系统已经充分发展，但能动态协调建筑内多个子项系统的方法和成型的软件平台还处于探索发展阶段；此外，不同类型的建筑项目运营核心需求差异巨大，既能满足建筑运营共性需求，又包含特色化针对性模块的平台研发还没有形成成套软硬件产品，需要开发能融合共性需求和特色需求的模块，并使其具有通用接口，方可在不同类型项目中具备自适应运营能力。

针对当前 BIM 运营管理系统各模块较为独立、缺少系统融合的现状，项目基于通用 / 开放数据格式完成了绿色建筑运营阶段所需数据库框架以及主要设备、系统、数据内容及协议的定义，开发了基于 BIM 的绿色建筑设备设施管理软件、绿色建筑物业管理软件及绿色建筑能耗监控系统（图 4-1）。

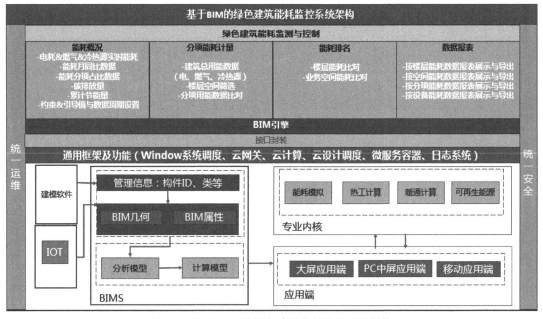

图 4-1 基于 BIM 的绿色建筑能耗监控系统架构

基于 BIM 的建筑能耗监测子系统，具备建筑能耗统计、实时能耗监测、分项能耗管理、报表管理、能耗分析与预测、设备报警、能耗报警以及综合数据看板等功能，能够实时、全面、准确地采集并可视化展示水、电、油、燃气等各种能耗数据，动态分析评价能耗状况，能够辅助制定并不断优化节能方案、辅助控制耗能设备的最佳运行状态，帮助用能单位进行定额控制、制定节能措施、提高节能效率、核定节能收益，进行科学有效的节能减排实时管控。

基于 BIM 的设备设施管理子系统，将 BIM 技术与传统绿色建筑设备设施管理系统相结合，实现设备设施的三维空间定位和管理、信息查看和维护、设备性能管理和分析等功能，简化绿色建筑运营期间设备设施管理流程，提高数据分析、存储的准确性，提高效率并提高风险评估和预控能力。子系统包含设备保养管理、设备运行监控、设备维修管理、设备资产管理、备品备件管理、统计分析等内容。系统以设备保养、设备监控和设备维修为主线，实现建筑设备设施资产管理的主要业务（图 4-2）。

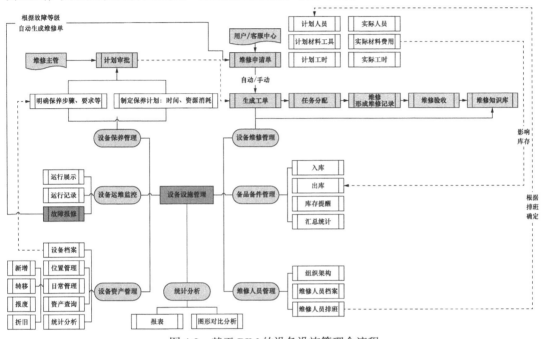

图 4-2　基于 BIM 的设备设施管理全流程

基于 BIM 的绿色建筑物业管理子系统，主要面向绿色建筑的设备设施维护与管理（图 4-3）。系统的应用功能点主要有：物业人员管理和排班系统、物业工单系统和移动端维修报修应用程序等。结合物联网、移动互联等技术，定量、可视地指导运维管理，完善持有型物业的运维管理，更科学地管理能耗。

在模块化子系统开发的基础上，进一步将 BIM 模型与子系统在展现层、技术框架层和数据层实现集成，有效解决当前绿色建筑 BIM 运营平台以展示功能为主、对接运营优化管理功能不足的短板问题。项目研究建立了绿色建筑运营多维需求与 BIM 技术关联模型，提出了在功能地图上建立 BIM 技术与运营需求关联度的技术路径；建立了由底层平台、专业计算分析内核和应用端构成的绿色建筑 BIM 运营管理系统整体平台框架，并针对办公、商业、园区等不同建筑类型的特色需求，形成了具有业态适应性的绿色建筑综合运营平台和系统集成（图 4-4），有望在行业层面逐渐实现数据驱动的绿色建筑精细化运营，改变现有 BIM 运营平台多以展示为主、缺少运营调控的现状。

本章以 6 个工程案例，包括上海中心大厦、长宁八八中心、常州武进研发中心（维绿大厦）、国信海天中心、丽泽 SOHO 和上海建科莘庄科技园区，从运营需求分析、平台架构设计、平台系统功能等方面直观展示功能导向的绿色建筑 BIM 运营平台的应用实施情况。

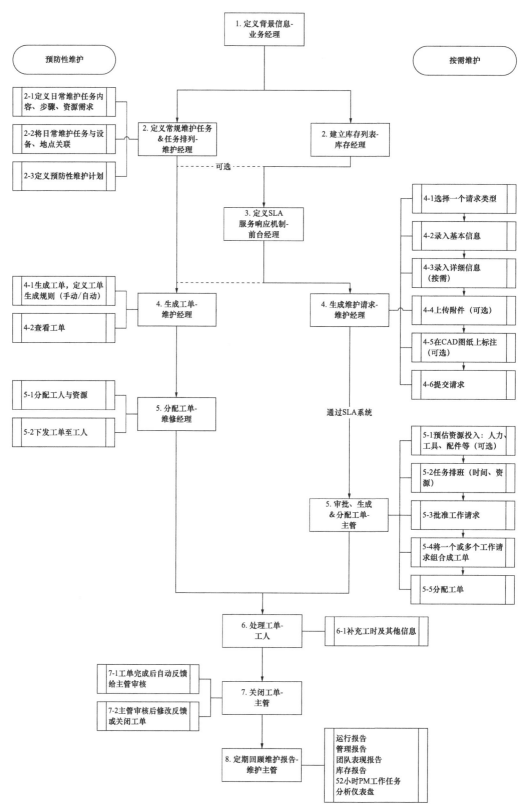

图 4-3　设备设施维护管理流程架构

图 4-4 基于 BIM 的绿色建筑运营管理平台整体架构

案例 10 上海中心大厦

项目名称：上海中心大厦

建设地点：上海市浦东新区陆家嘴功能金融贸易区银城中路 501 号

占地面积：3.04 万 m²

建筑面积：57.8 万 m²

竣工时间：2016 年 4 月

获奖情况：

扫一扫即可浏览
本章高清图片

1. 中国三星级绿色建筑设计标识、中国三星级绿色建筑运行标识、美国 LEED-CS 铂金级认证

2. 上海绿色建筑贡献奖、上海市科技进步奖特等奖、国家优质工程鲁班奖、中国土木工程詹天佑奖、中国施工企业管理协会国家优质工程金奖、BOMA 全球创新 Toby 奖、MIPIM 最具人气奖、世界最佳高层建筑奖、世界桥梁结构工程协会杰出建筑结构奖、创新杯建筑信息模型设计大赛 BIM 应用特等奖

3. 上海市优秀工程咨询一等奖、获 AAA 级安全文明标准化工地和上海市重大工程文明示范工地等荣誉称号

一、项目概况

上海中心大厦（图4-5）位于浦东新区陆家嘴功能区，总建筑面积57.8万 m²。主楼为124层，总高632m，是一幢综合性超高层建筑，以办公为主，其他业态有会展、酒店、观光娱乐、商业等，2016年正式投入运营。

图4-5　上海中心大厦

上海中心大厦在绿色建筑方面已获得中国三星级绿色建筑运行标识和LEED铂金级认证。大厦在设计施工阶段采用了"可持续发展"和"以人为本"的建筑理念，集成综合应用了40余项绿色建筑技术。

建筑采用120°旋转的独特建筑外形，有效降低风荷载约24%；双层幕墙在每个区上下跨越12～15层形成一个约60m的中庭缓冲区，不仅为室内的用户提供了中庭景观，而且降低了室外环境对室内的影响，降低了空调、采暖的负荷；塔冠上的270台风力发电机，在理想风速下将为大楼每年提供绿色电力约119万 kW·h；塔冠上的雨水收集器，将每年收集利用雨水约2万 m³；中水年收集利用达23.5万 m³，占大楼总用水量的25%以上；办公区域全部采用LED照明并使用动态感应智能照明和智能窗帘技术，根据自然光线自动调节亮度。

能源系统分为低区能源中心和高区能源中心两部分，其中低区能源中心采用三联供-地源热泵-冰蓄冷-常规冷水机组的空调系统方案。为充分利用自然冷源，大厦冬季和过渡季时利用低区能源中心设置的板式热交换器实现免费供冷。通过板式热交换器，低区冷却水免费供冷系统利用低区空调冷冻水系统的二次泵回路、相关压力分区的板式热交换器级三次泵水循环系统向各压力分区供冷。

二、创新技术成果

上海中心大厦作为中国第一高楼，为破解超高层建筑带来的"环境、交通、资源与心理"等世界性难题，创造性地提出了全过程可持续发展绿色垂直城市理念。在十多年的建设过程中，上海中心大厦项目团队齐心协力、不断进取，最终取得了大量的创新性成果，并得到了社会各界的高度认可。

在投入运营以来，上海中心大厦基于 BIM 模型通过智能化系统、物业系统等数据的采集、治理、共享建立智慧运营管理平台（图 4-6），提高运营阶段绿色建筑的物业管理水平，及时为建筑业主提供可靠反馈渠道，实现业主、物业、使用者三者系统资源共享和管理层级化的目标。

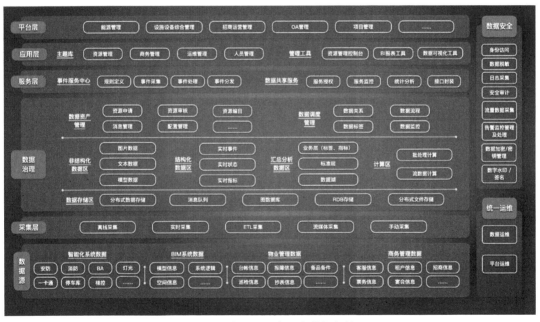

图 4-6　本项目平台开发数据架构

三、技术实施过程

1. 运维平台功能需求

上海中心大厦采用的能源主要有：常规电制冷、热电冷三联供系统、锅炉系统、冰蓄冷系统、地源热泵系统、风力发电系统等，诸多能源系统的相互匹配和调度存在一定的困难。另外上海中心大厦积累了大量运营过程数据，如何挖掘运营数据价值，为节能提供精细化的策略支持，提升节能水平，是需要进一步深入探索研究的难点和关键点。

针对目前运维现状，需开发集结构、系统、服务、管理于一体的智慧运营管理平台，实现建筑物能源管理、设施设备的多管理维度实时动态监控，并与物业管理流程相结合，提高建筑系统信息的互联、互通及共享水平，为宜居、高效、节能、低碳、安全的建筑物管理提供基础支撑。

2. 系统架构设计

系统总体架构如图 4-7 所示。

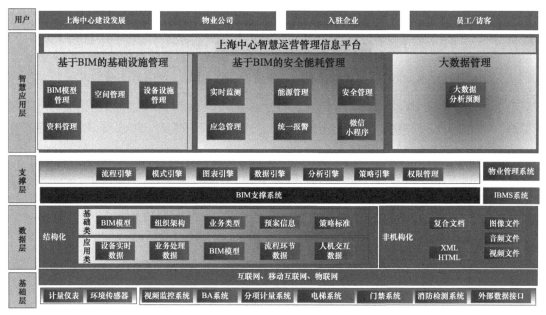

图 4-7　系统总体架构

1）基础层

基础层是项目搭建的基础保障，具体内容包含计量仪表、环境传感器以及智能化子系统。通过全面的基础设置的搭建，为整体应用系统的全面建设提供良好的基础。

2）数据层

数据层是整体项目数据资源的保障，应用数据层的有效设计规划对项目建设有着非常重要的作用。

整体应用系统资源统一分为两类，具体包括结构化资源和非结构化资源，本项目将实现对这两类资源的有效采集和管理。对于非结构化资源，通过相应的数据采集工具完成数据的统一管理与维护，从而供用户有效地查询、浏览；对于结构化资源，通过全面的接口管理体系进行相应数据采集模板的搭建，采集后的数据经过有效的资源审核和分析处理后进入数据交换平台进行有效管理。通过对数据库的有效分类，建立完善的元数据管理规范，从而更加合理有效地实现数据的共享机制。

3）支撑层

支撑层是整体应用系统建设的基础保障，本项目进行了相关面向服务体系架构的设计，实现相关应用，包括流程引擎、模式引擎、图表引擎、数据挖掘、分析引擎、策略模型、权限管理、BIM 支撑系统的有效整合和管理，各个应用系统的建设基于基础设施支撑的应用，快速搭建相关功能模块。

4）智慧应用层

智慧应用层主要提供基于 BIM 的基础设施管理、安全管理、能耗管理以及大数据管理。其中：

（1）基础设施管理包括 BIM 模型管理、空间管理、设备设施管理、资料管理。

（2）安全、能耗管理包括实时监控、能源管理、安全管理、应急管理、统一报警、微信小程序功能。

（3）大数据管理主要为大数据分析预测。

3. BIM 竣工模型轻量化

基于 WebGL 的 BIM 模型显示引擎 Web3D 通过利用模型场景的空间划分、显示绘制加速、数据转换等多方面技术，已经基本突破了大模型在 Web 上的轻量化显示瓶颈。其中，主要工作是对 BIM 建筑大模型进行轻量化处理，实时显示时对模型数据进行内存优化、场景管理，以及利用视椎体剔除方法、LoD 选择策略对显示过程中模型数据的图形渲染队列进行优化。通过轻量化引擎的使用，可以对上海中心大厦 BIM 模型数百万构件基于 Web 端流畅加载。

这其中应用到的轻量化方法主要包括构件简化法、网络模型简化法和模型显示度法三类。其中，构件简化涉及模型数据库冗余数据处理、无用数据删除、冗余构件删除和冗余集合删除；网络模型简化即模型三角面片数处理，涉及顶点删除法、边折叠法、三角形折叠法；模型显示度法则是根据层级的显示细节对模型进行轻量化处理，体现层次细节特征。

通过建立 BIM 运维管理平台，可以实现 BIM 模型的轻量化管理和展示，可在三维场景中对模型基础信息和三维空间信息进行展示，支持多维度多专业多角度地查看和浏览三维模型，以常见的分楼层专业浏览模型和专业系统浏览为例进行介绍。

（1）分楼层专业浏览模型：通过按照楼层、系统细分 BIM 模型，通过左侧分类树对模型进行过滤显示，快速定位模型（图 4-8）。

（2）专业系统浏览：经过 BIM 轻量化技术，模型的展示不再局限在单层，可以按系统的方式实现模型浏览，方便查看各个专业系统在大楼中的排布和逻辑关系（图 4-9）。

4. 基于 BIM 的设施设备管理系统开发

将 BIM 技术与传统绿色建筑设备设施管理系统相结合，实现设备设施的三维定位和空间管理，同时根据绿色建筑对于设备设施的绿色运行要求，对重要设备设施的运行情况实时监测、预警并提供维修保养管理功能；利用 BIM 三维模型的分析能力，将设备设施运行目标、室内环境需求目标等因素融入管理系统，提升由动态因素带来的动态管理能力。主要功能模块如下：

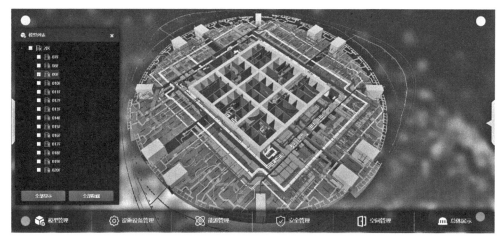

图 4-8　模型管理——分楼层过滤模型

图 4-9　模型管理——按系统查看模型

（1）设备设施台账管理：通过设备台账管理，在 BIM 模型中对各类用能设备、重要设施等进行空间定位，并集成设备设施的设计信息、出厂信息、资产管理信息（图 4-10）、维保信息等各阶段、各相关方的信息，并为所有设备分配二维码，从而对设备台账进行全面管理。

（2）设备维修管理：在 BIM 模型中接入物业系统数据显示设备的维修记录，包括维修时间、维修人员、联系方式、维修记录详情、备品备件使用等（图 4-11）。管理人员可通过模型直接获取某设备的历次维修记录，协助了解设备的全生命周期状况，为设备后续的维修或保养提供数据支持。

（3）设备保养管理：在 BIM 模型中接入物业系统数据，高亮展示需定期保养的设备，通过不同颜色展示设备保养状态（临近保养、已过保养期等），提醒管理人员进行保养操作。点击设备模型可查看保养信息详情，包括下次保养时间、历次保养记录等（图 4-12）。

（4）设备故障预警：基于设备长期运行指数，采用大数据分析技术对设备运行状况进行分析，获得设备运行健康指数，若发现设备某方面运行指数呈下降趋势，即将无法达到运行要求，则发出预警，在 BIM 模型中高亮显示该设备，为工作人员进行设备维保提供数据支持（图 4-13）。

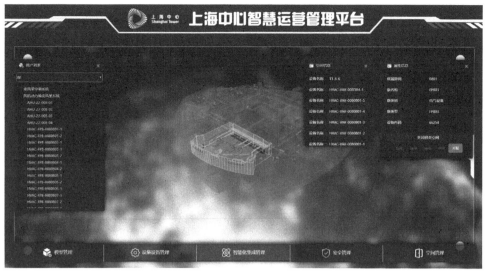

图 4-10 资产信息管理

图 4-11 设备故障上报

图 4-12 设备保养管理

图 4-13　设备实时数据

5. 基于 BIM 的能耗监控系统开发

根据绿色建筑相关要求对建筑电耗、水耗、天然气、冷热量等能耗数据进行采集、统计，并结合 BIM 模型进行空间展示及预测分析。在传统能耗监测系统基础上，突出实现以下功能模块：

（1）基于 BIM 可视化能力的能耗数据展示：基于 BIM 对建筑进行直观可视化的能源管理，通过设备模型反映实时建筑电、水、天然气能耗信息及历史监测曲线，监控各区域能耗使用情况；根据能耗数据的采集情况，对能耗运行设备运行故障、能耗数据异常进行报警，并结合 BIM 模型快速定位故障报警位置。

（2）基于 BIM 模型，结合能耗监测信息，对总体能耗信息、能耗分布情况进行展示和综合管理，包括空调系统实时数据、总体用电、能流图展示等功能（图 4-14、图 4-15）。

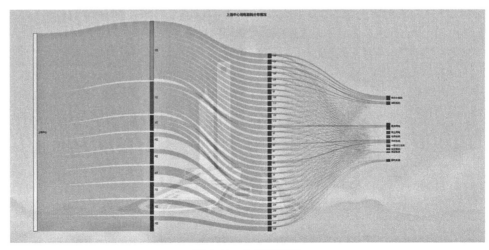

图 4-14　大楼能流图

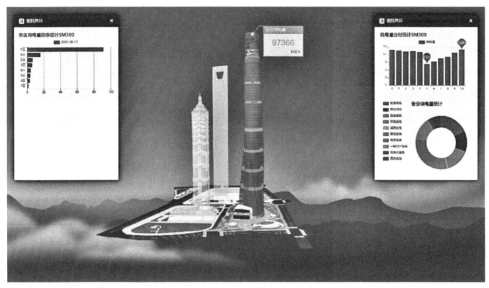

图 4-15　大楼整体能耗统计分析

6. 基于 BIM 的物业管理系统开发

针对当前多数绿色建筑运行效果达不到设计预期，物业单位运行难度大等问题，本项目开发了绿色建筑物业管理系统，希望通过 BIM 可视化和全生命期信息管理的优势，降低物业人员操作和理解难度。主要包括以下功能模块：

（1）移动端物业管理模块：将绿色建筑要求融入日常绿色建筑物业管理工作中，规范物业人员日常操作的基本工作要求，包括日常巡检、设备报修、停车库管理、物业查询等模块。

以日常巡检为例，通过后台配置设备巡检计划并下发，移动端登入用户根据权限可查看巡检列表（图 4-16）。登入用户如果是"巡检人员"，可查看自己待执行的巡检任务；如果是"领导角色"，可查看所有巡检任务及其状态。

（2）绿色建筑动态评价模块：根据绿色建筑评价标准，通过采集能耗、环境、水质、设备设施、物业管理等模块的动态数据，对绿色建筑的实际达标情况做出实时判断，并与设计预期进行对比，对于不达标情况给出预警、分析和处理建议，帮助运维管理人员保证项目始终处于绿色健康的运行状态。

7. 基于 BIM 的绿色建筑运营管理系统集成

针对当前物业单位智能化子系统繁多、操作习惯不一致、学习成本高的情况，通过BIM 技术、计算机网络技术，将各个分离的系统、设备、信息、功能等集成到一个统一的系统中，使资源达到充分共享，实现高效管理。采用数据集成、界面集成、功能集成等多种集成技术，解决系统之间互连、互操作性问题，包括智能化子系统和各类设备间接口、协议、系统平台、应用软件等的集成问题，通过系统整合和示范工程实现基于 BIM 的绿色建筑运营管理集成化应用。

图 4-16　设备保养／设备监控管理

主要集成应用功能如下：

1）安全管理

对接安防子系统结合 BIM 可视化直观显示安防相关设备位置、监控区域、运行状态，帮助管理人员决策，消除安全隐患。

（1）安防门禁。通过 BIM 模型直观显示安防门禁设备在三维空间中的位置，点击门禁模型查看对应的出入记录，并可过滤指定时间段门禁出入记录、统计人员进出记录（图 4-17）。

图 4-17　安防门禁设备定位和出入记录

（2）视频监控。在三维 BIM 模型中定位显示视频监控系统摄像头的位置，点击摄像头查看相对应的视频流。可对设备进行方向控制及显示实时视频信息，并可简便切换到附近视频设备进行连续视频追踪（图 4-18）。

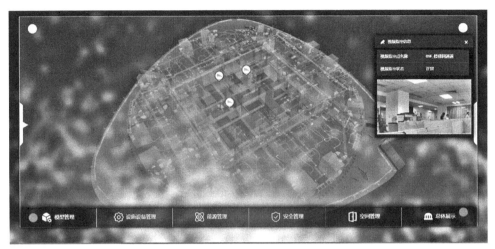

图 4-18 视频监控

2）统一报警管理

模块将各类智能化系统实时发出的各类报警信息汇总至统一界面，便于用户统筹管理（图 4-19）。实时报警信息在列表中按时间倒序排列展示，通过条目的颜色、图标及详细属性等内容标识报警的来源、报警级别、报警内容等，点击某一报警信息条目可在 BIM 模型中定位至报警。

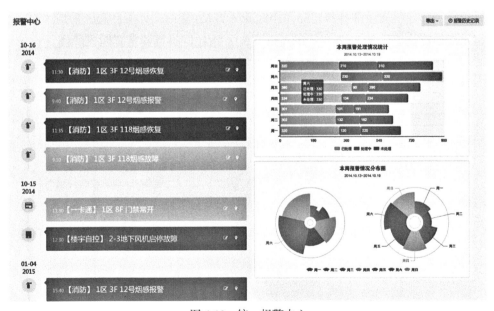

图 4-19 统一报警中心

3）应急管理

包含消防应急模式、电梯应急模式。针对不同应急事件，设计不同的决策场景；主要功能如火灾模拟中应用人流量信息、应急预案流程、应急人员信息、视频信息、广播信息、周边交通信息等，对火灾发生一定时间内烟雾和火势的扩展情况进行动态模拟，规划逃生路径和救援路径（图 4-20）。

图 4-20 火灾应急模拟

四、平台使用和推广价值

根据本项目 BIM 运维平台的数据统计功能，分析了本项目 2020 年 4—2021 年 3 月的建筑用能数据，显示全年总能耗为 66644832kW·h，单位面积能耗为 115.3kW·h/（m²·a），其中，空调能耗、照明、电梯能耗分别占比 40%、15% 和 7%（图 4-21）。而作为多业态超高层建筑，其建筑商业部分年实际使用时间约为 6205h/a，且项目低区采用冰蓄冷系统，计算得出能耗修正值为 111.67kW·h/（m²·a），对比同类型建筑有明显降幅。

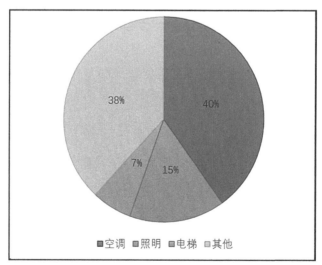

图 4-21 项目全年能耗分项构成

平台通过动态监测确保建筑物及关键机电系统的安全可靠运营，通过绿色建设成果评估、基于大数据的超高层建筑节能优化方法研究，进一步提升超高层建筑节约资源能力，降低上海中心大厦运营过程中的环境负荷，提升能源使用效率，在保证运营能力的情况下降低能耗支出，为促进城市经济可持续健康发展做出贡献。

平台建设可为建筑运营提供数据汇集、分析、管理、智能判断等先进管理手段，协助提升绿色建筑运营管理效率，另外，针对绿色建筑运营过程中节能减排等重要关注点，进行绿色建筑节能优化关键技术等研究，为实现绿色建筑运营能力提升提供基础，达到降本增效的目的。未来可将上述多种技术推广至全市乃至全国城市绿色建筑运营中，具有重要的示范意义和应用价值。

案例 11　长宁八八中心

项目名称：长宁八八中心

建设地点：上海市长宁区长宁路 88 号

占地面积：1.65 万 m²

建筑面积：12.3 万 m²

竣工时间：2016 年 9 月

获奖情况：

1. 2019 年华阳社区垃圾分类工作示范单位

2. 2020 年度上海市物业管理优秀示范项目

3. 设施设备 7S 管理达标项目

4. 绿色建筑二星级运行标识

扫一扫即可浏览
本章高清图片

一、项目概况

长宁八八中心（图 4-22）地处上海市长宁区，2016 年 9 月竣工，是一栋集大型购物中心、商务办公楼于一体的综合体建筑。地上建筑面积 8.17 万 m²，地下建筑面积 4.16 万 m²，总建筑面积 12.3 万 m²，其中商场 6 层，办公 20 层。

2019 年，项目启动了 BIM 绿色建筑运营平台建设，旨在评估、诊断、优化建筑的运行能效、环境质量和管理流程，创建长宁区既有建筑智慧运营新地标，打造自持物业领域的绿色管理实践示范。

项目在绿色建筑方面的主要技术特色包括：

（1）自然采光与通风。建筑幕墙设有可开启部分，有效促进室内自然通风，商业裙房区域设置了屋顶天窗，改善了区域室内自然采光。建筑立面设置了水平铝板构件，挑出约450mm，结合室内可调节的内遮阳，具有较好的遮阳效果。建筑采用通风系统过滤器，同时租户配备移动式空气净化设备，保障室内空气质量。

（2）节能与节水。空调冷冻水系统采用二次泵变流量系统，空调热水系统采用一次泵变流量系统，大堂、餐厅、地下一层商场等大空间采用全空气系统，新风采用全热回收。照明节能采用 LED 灯具，选用变频变压控制电梯产品。卫生洁具给水及排水五金配件采用与卫生洁具配套的节水型配件。开式循环冷却水系统设置平衡管，避免冷却水泵停泵时冷却水溢出。

（3）室内环境。采用低噪声空调机组，保证主要功能房间的室内噪声级满足《民用建筑隔声设计规范》（GB 50118—2010）中低限要求和高要求标准的平均数值。

图 4-22　长宁八八中心项目外景

二、创新技术成果

长宁八八中心应用 BIM 轻量化技术，数据、界面和功能集成技术，建设智慧运营管理平台（图 4-23）。平台开发过程中充分采用智能化、网络化、数字化技术，充分利用网络、计算机、软件、数据库等资源，搭建运营管理系统，可以简化、规范物业部门的日常操作，提高管理水平和工作效率，提升楼宇的环境品质和能效水平。

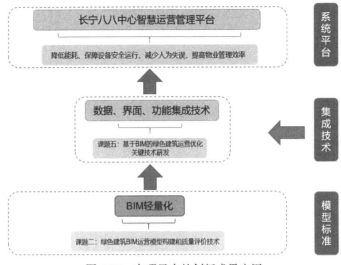

图 4-23　本项目中的创新成果应用

三、平台实施过程

1. 需求调研

通过对物业部门及业主方的深入调研，发现楼宇运行中的主要痛点在于：

第一，项目各级管理层主要依赖一线操作管理者传统的报告知晓项目运行状态，信息存在时间上的滞后，无法及时掌握和了解项目当前的实际状况。因此，运营管理实施计划的执行就难以实现科学、精准、有效。

第二，机电设施设备缺少系统性的数据采集分析功能，无法及时获取设施设备相关运行信息，也就难以对设施设备进行故障、能耗、运行状态等分析和预警，难以实现精准有效的设备运行管理。租户用电负荷无法实时监测、用电习惯无法统计汇总，楼宇内实现用电均衡调配优化缺少数据支撑。

由此，可以明确 BIM 可视化运维平台的主要目标是实现项目运营标准化、数字化、精准化、高效化，智慧运营管理平台将由多个子系统及综合数据集成管理平台组成，各子系统为各层面管理操作人员提供项目实时运行数据的展现和分析，而综合数据集成平台主要面对管理高层和管理中层（权限范围内展现）提供数据信息服务。

（1）项目运营管理高层：依托智慧运营管理平台，可直观地全面了解项目运营状况（安全、能耗、设施设备运行状态等）及多维度的数据看板、资产状况等信息，为管理高层对项目运营、改造、重大维修等相关的决策提供有效的数据信息支撑。

（2）项目运营管理中层：依托智慧运营管理平台，实时了解和掌握所管区域的运营情况，及时修正和指导操作层面的管理操作行为。同时，根据数据分析，编制所管区域的运营、应急、改造及重大维修建议方案，提供管理高层进行决策。

（3）项目运营操作层面：依托智慧运营管理平台，一线的操作管理人员可及时了解所管理区域的运行情况，严格执行上级管理指令及相关操作规则。

2. 功能策划

通过对物业部门及业主方的深入调研，确定 BIM 智慧运维平台的主要功能在于汇集数据信息、积累数字资产，针对不同层面的管理人员提供对应权限的数据支持，通过多维度、多层面的数据精准分析，辅助业主制定运营管理决策。实现设备诊断和远程运维，实现对设施设备及人员的监测预警和应急处置，进而实现项目的安全、节能、高效、低成本运营。

平台主要功能包括：

1）可视化管理

为建筑空间、机电设备以及管线搭建 BIM 模型，且模型精度满足智慧运营管理平台需要，辅助设备管理人员和安全管理人员更好地理解各个智能化系统在整个建筑中的布局，实现"所见即所得"。摆脱依靠查阅大量专业图纸来判断设施设备的位置与布局的传统方式，利用 BIM 模型方便直观地确定设施设备以及建筑管线的上下游关系，并且能快速定位故障位置。

2）数据管理集成

录入建筑空间、设施设备以及管线相关图纸资料等静态数据，集成长宁八八中心现有的多个智能子系统，采集日常运行的动态数据，将各分类数据汇集并与 BIM 模型相关联，建立基于 BIM 的楼宇数字资产。

3）建筑安全预警

实时监测设施设备的运行状态、报警情况及预警分析。同时各子系统设备在 BIM 模型中实现三维定位和系统区分，实现快速定位，提高全局监管效率，保障设施设备的运行安全。

4）建筑能耗管理

实现各类重点用能设施设备及计量区域的能耗数据采集，结合日常运营管理模式以及设施设备运行工况等其他信息，建立重点用能设施设备数据的精准分析模型，并基于 BIM 模型进行可视化展示，为运营管理者制定优化的能源设施设备运行和管理策略提供精准的数据支撑。

5）管理决策支持

为决策层提供直观了解项目总体运营状态的三维可视化界面，为领导做出关于项目重大运营、改造、年度大修等决策提供信息支撑。

为管理层提供项目整体运营情况、能耗情况、安全情况等实时数据的三维可视化界面，为业主中层管理层全面了解项目运营情况，做好年度、季度等运营管理计划提供数据支撑。

为用户层提供查看运营相关数据报表、模型定位、隐蔽工程管线走向、设施设备运维管理历史数据的三维可视化界面，为保障设施设备运行安全、物业管理人员的人身安全，以及制定节能策略提供实时数据支撑，提高物业管理运营效率的同时节约成本支出。

3. 系统架构设计

系统总体架构如图 4-24 所示。

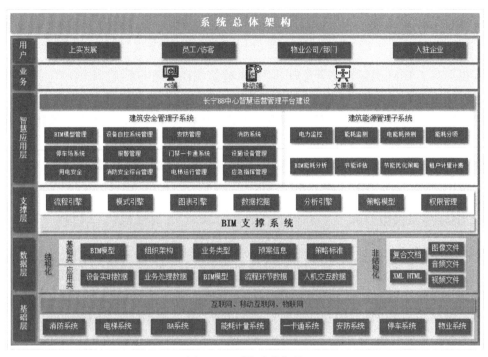

图 4-24　系统总体架构

1）基础层

基础层是项目搭建的基础保障，具体内容包含消防系统、电梯系统、BA 系统、能耗计量系统、一卡通系统、安防系统、停车系统、物业系统等。通过全面的基础设置的搭建，为整体应用系统的全面建设提供良好的基础。

2）数据层

数据层是整体项目的数据资源保障，应用数据层的有效设计规划对于项目建设有着非常重要的作用。

整体应用系统资源统一分为两类，具体包括结构化资源和非结构化资源。本次项目将实现对这两类资源的有效采集和管理。对于非结构化资源，通过相应的数据采集工具完成数据的统一管理与维护，从而供用户有效地查询、浏览；对于结构化资源，通过全面的接口管理体系进行相应数据采集模板的搭建，采集后的数据经过有效的资源审核和分析处理后进入数据交换平台进行有效管理，具体包括 BIM 模型、组织结构、业务类型、预案信息、策略标准、设备实时数据、业务处理数据、流程环节数据、人机交互数据。通过对数据库的有效分类，建立完善的元数据管理规范，从而更加合理有效地实现数据的共享机制。

对结构化数据和非结构化数据进行调度和存储。结构化数据包括 XML 和 DBMS；非结构化数据包括文本文件、音视频文件、office 系列文件、图形图像文件及 ZIP、PDF、SWF 等其他格式文件等，在数据接口上支持 Web Service 模块化组件。

3）支撑层

支撑层是整体应用系统建设的基础保障，本项目进行了相关面向服务体系架构的设计，实现相关应用包括流程引擎、模式引擎、图表引擎、数据挖掘、分析引擎、策略模型、权限管理、BIM支撑系统等的有效整合和管理。各应用系统的建设基于基础设施支撑的应用，快速搭建相关功能模块。

4）智慧应用层

提供了基于BIM的建筑安全管理子系统和建筑能耗管理子系统。

建筑安全管理子系统包括：BIM模型管理、设备自控系统管理、安防管理、消防系统、停车场系统、报警管理、门禁一卡通系统、设施设备管理、用电安全、消防安全综合管理、电梯运行管理、应急指挥管理。

建筑能源管理子系统包括：电力监控、能耗监测、电能耗预测、能耗分项、BIM能耗分析、节能评估、节能优化策略、租户计量。

4. BIM运维模型创建

1）模型搭建

根据项目竣工图纸、相关BIM标准，各专业统一使用Revit软件搭建BIM运维模型。梳理部分关键环节如下：

统一命名：为了有序过程文件管理，对文件夹、文件统一命名。明确项目、区域、楼层、专业等信息，与项目设施设备编码规则一致。

统一单位和坐标：为了保障建模实施过程中各专业模型整合的坐标一致性，采用同一坐标系、统一单位。上游模型没有提供条件的情况下，默认（0,0,0）为项目原点。

确定系统配色：针对机电众多系统进行颜色配置，便于直观查看各个系统的模型情况。

确立建模规则：Revit尽可能采用系统族建模，机电系统名称设置需与竣工图纸保持一致，模型中同一种类构件不应重叠，墙、梁等构件要确保中心线相交。

确定模型精度：模型的专业范围包括土建、机电、幕墙、内装、智能化、电梯、标识等，幕墙建模精度应达到LOD300，建筑结构应达到LOD400，机电模型应达到LOD500，以满足运维需要。

梳理运维模型逻辑（图4-25）：以性能化运维为目标，对构件、系统、空间等逻辑关系进行梳理，通过判断系统、子系统的组成、空间位置、设备所属系统、设备所属空间等信息，结合自主插件开发完成运维BIM模型中构件、系统、空间三者的相互对应关系。对运维模型进行多维度的专业逻辑化，梳理设备、系统、空间的关键指数，以进行针对性的指标监测，高效监测运行状态，实现运维管理中的智慧应用，优化建筑运维效率。

2）模型校核

模型创建后，应进行内部质量审核与交付质量审核，保障符合BIM相关技术标准的要求。审核内容包括：检查专业涵盖是否全面；核查全部专业合并后，各专业之间空间位置关系是否正确，有无错位、错层、缺失、重叠现象发生；核查模型成果的存储结构是否合理。

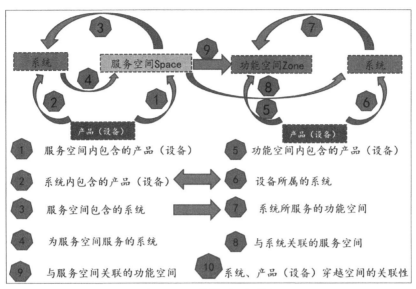

图 4-25　运维模型逻辑梳理

（1）检查模型完整性。根据平台所需各专业模型的完整性进行自查，以及按照审核小组审核 BIM 交付物中所应包含的模型、构件等内容是否完整，BIM 模型所包含的内容及深度是否符合交付要求。

（2）分专业交接面核查。根据物业运营管理需求，检查各专业模型交接界面是否正确区分，检查模型是否出现重复、重叠建模的情况，如有类似情况发生及时进行纠正修改直至满足运营需求。建模团队需要检查是否存在模型缺失的情况，以及模型各专业整合后碰撞、颜色分色错误等内容。

（3）构件信息核查。根据相关标准要求检查 BIM 交付物是否符合建模规范，如 BIM 模型的建模方法是否合理、模型构件及参数间的关联性是否正确、模型构件间的空间关系是否正确、属性信息是否完整、交付格式及版本是否正确等。针对运维模型构件核查机电设备属性信息是否有缺漏、是否与录入一致、编码是否按规则编写，相关核查应根据 BIM 模型质量保障措施内容执行，保障模型能满足使用需求。

（4）合规性检查。根据相关标准安排相关专业人员复核 BIM 交付物中的具体设计内容参数是否符合项目应用要求、是否符合国家和行业主管部门有关标准规范和条例的规定，如 BIM 模型及构件的几何尺寸、空间位置、类型规格等是否符合合同及规范要求。

（5）模型成果移交要求及格式。交付模型应具有唯一性、结构性、完备性、拓展性、开放性等特点；模型的分类对象、参数、文件及文件夹的命名应符合企业内部或行业相关标准要求。

5. 基于 BIM 的绿色建筑运维子系统

本项目中，基于多源异构数据融合及系统集成架构开发完成了两个子系统——基于 BIM 的绿色建筑能耗管理系统和基于 BIM 的绿色建筑设备设施管理系统。

传统的建筑运维子系统多以 2D 图纸为基础信息，须专业人员判读才能转为有效信息；

各系统相对独立运行，不同硬件设备的数据信息无法进行融合、分析和判断。而基于BIM的绿色建筑运维子系统以3D BIM为基础信息，三维空间信息的传达更直观；多源异构系统通过标准数据库格式、内容进行融合，支持多维度信息的综合分析、判断。

6. 基于 BIM 的绿色建筑运营管理系统集成

针对当前智能化子系统繁多、操作习惯不一致、学习成本高的情况，通过多源异构系统的集成技术将 BIM 技术、设备设施管理、能耗监控系统以及实际项目应用的其他智能化子系统在展现层、技术框架层和数据层实现集成，通过系统整合和示范工程实现基于BIM 的绿色建筑运营管理集成化应用。

1）设备设施管理

实现对建筑的设备设施进行统一的管理，形成设备设施库，在 BIM 模型中对各类用能设备、重要设施等进行空间定位，并集成设备设施的设计信息、出厂信息、资产管理信息、维保信息等各阶段、各相关方的信息（图 4-26）。

接入物业系统数据显示设备的维修工单，协助了解设备的全生命周期状况，为设备后续的维修或保养提供数据支持。

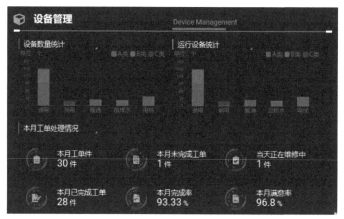

图 4-26　设备管理统计分析

2）安防监控管理

安防监控模块以数字网络为传输介质、网络视频服务器为核心，结合 BIM 模型，形成可视化展示方式（图 4-27）。通过网络把监控视频和平台进行互联结合，展现所接入安防系统所属的安防摄像机，显示实时的视频信息。

另外，本模块可监测安防系统各类报警信息，报警事件可联动物业工单系统，进行统一的工单处置。

3）建筑能源管理

基于 BIM 对建筑进行直观可视化的能源管理，通过设备模型反映实时能耗信息及历史监测曲线，另外可监控各区域能耗使用情况，为能耗管理提供便捷的管理界面（图 4-28）。

长宁八八中心为多业态混合建筑，既有办公又有商业部分，建设单位内的运营方式、运营时间存在较大不同。结合外部静态数据（能耗指南）、外部动态数据（同类型能耗均值），对不同建筑业态进行分类分析，将综合体能耗管理细化到具体的商业及办公业态；结合办公业态的人流、运营时间，形成更有针对性的能耗分析，并将共用部分能耗进行合理拆分（如冷冻机房），以满足综合体的能耗分类管理需求，从而更好地为不同建筑业态提供管理抓手。

该模块基于 BIM 模型，结合能耗监测信息，对总体能耗信息、能耗分布情况进行分析、展示，包括能流图展示、能耗分项计量等功能（图 4-29）。

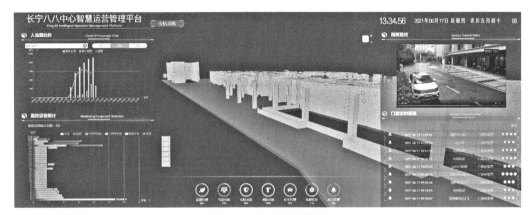

图 4-27　安防监控模块

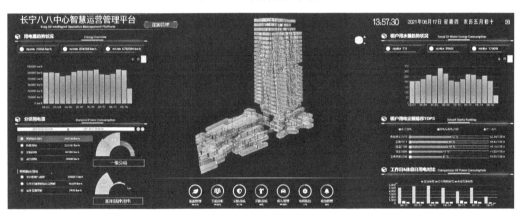

图 4-28　能源管理模块

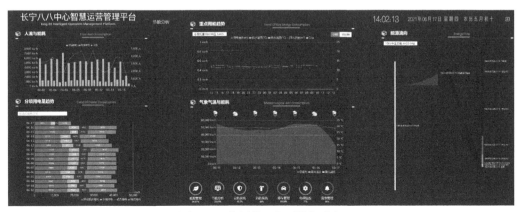

图 4-29　能源管理各项指标分析

四、平台使用和推广价值

项目按照安全、节能、低碳、绿色、环保等建筑物业运营标准要求，结合长宁八八中心的实际状况，兼顾其他不动产项目的共性需求，利用物联网、互联网、移动网及信息传感等技术方式，搭建智慧运营管理平台，汇集数据信息，积累数字资产。

项目智慧运营管理平台的运行，可以实现多项目、多层面、多维度、多区域的数据精准分析效果，为不同层面的管理人员提供运营管理决策的数据支撑，实现设施设备以及能耗的实时监控，指导节能策略和维保方案的科学制定，有效降低能耗，保障设备安全运行，减少人为失误，提高物业管理效率，延长设备使用周期；能耗管理监测可为运营管理者制定优化的能源设施设备运行和管理策略提供精准数据支撑；通过 BIM 技术完善消防安全管理，可为规避安全事件的发生提供保障。

平台可提供查看运营相关数据报表、模型定位、隐蔽工程管线走向、设施设备运维管理历史数据的三维可视化界面，为保障设施设备运行安全、物业管理人员的人身安全以及制定节能策略提供实时数据支撑，提高物业管理运营效率的同时可节约成本支出。根据本项目 BIM 运维平台的数据统计功能，对项目 2020 年 4 月—2021 年 3 月期间的建筑用能数据进行了分析。统计结果显示，全年总能耗为 7676859.4kW·h，其中，空调采暖能耗、照明插座能耗分别占比 58% 和 33%（图 4-30），年单位面积能耗为 62.12kW·h/（m^2·a），显著低于上海市同类建筑平均水平。

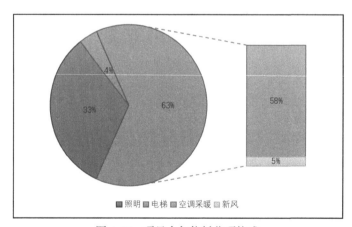

图 4-30　项目全年能耗分项构成

未来，智慧运营管理平台还将通过标准的开放式接口，与资产管理、物业管理、租赁管理、客户管理等业务系统进行链接，进行数据信息的有效交互，形成项目资源优质配置管理的良性交互状态，为各管理层级提供多维度、多区域、多层面的基于综合数据分析的信息支撑。

案例 12　常州武进研发中心（维绿大厦）

项目名称：常州武进研发中心（维绿大厦）

建设地点：常州市武进区延政西大道 8 号

占地面积：1.7 万 m²

建筑面积：3.7 万 m²

竣工时间：2016 年 3 月

获奖情况：

1. 中国三星级绿色建筑设计标识
2. 中国三星级绿色建筑运行标识
3. 江苏省可再生能源建筑应用示范工程
4. 江苏省优质工程扬子杯
5. 国家级公共机构节能示范单位
6. 全国绿色建筑创新奖二等奖

扫一扫即可浏览
本章高清图片

一、项目概况

常州绿色建筑研发中心（维绿大厦）项目位于常州市武进区，用地面积 1.7 万 m²，总建筑面积 3.7 万 m²（图 4-31）。项目分为主楼和配楼两部分，包括办公、餐厅、多功能厅等业态，其中主楼又分东楼和西楼，总建筑面积 2.3 万 m²，共 9 层。

图 4-31　维绿大厦项目区位和外景

维绿大厦项目按照《绿色建筑评价标准》（GB/T 50378—2014）进行设计、建造，采用先进的建筑节能与绿色建筑相关技术产品，先后获得三星级绿色建筑设计标识证书、三星级绿色建筑运行标识证书，并获得 2020 年全国绿色建筑创新奖二等奖。建筑采用了集中能源站、地源热泵、立体绿化、外遮阳设计以及智能化系统等主被动结合的绿色技术，为项目绿色运维提供了良好的技术基础。

作为绿色建筑三星级标识项目，维绿大厦运维过程中采用了多项主被动结合的绿色节能技术。被动式生态设计策略包括建筑 V 形自遮阳设计（图 4-32）、中置可调遮阳系统（图 4-33）、多层次多形态立体绿化（图 4-34）、人工湿地处理系统等。主动式技术策略主要包括地源热泵系统、屋面及场地雨水收集系统等。维绿大厦的空调冷热源主要由区域集中能源站提供，少部分使用自建地源热泵系统，大堂区域采用全空气系统，开放办公区采用风机盘管系统，部分办公楼层采用冷辐射吊顶系统。项目屋面雨水、场地雨水经初雨弃流后进行处理，用于车库地面冲洗、室内外绿化浇灌、道路浇洒、水景补水等。

图 4-32　V 形建筑自遮阳形体

图 4-33　可调节外遮阳＋中置百叶

图 4-34　多层次立体绿化

二、创新技术成果

维绿大厦是业内享有美誉的绿色建筑示范项目，项目采用了整合设计理念，秉承被动优先、主动优化的策略，采用了多种绿色节能的技术、产品及系统，取得显著的社会效益。投入运行之后，由于设备系统相对复杂、高新产品较多、智能化各系统数据无法打通等问题，物业管理的难度大为增加，实际运行中部分设备系统存在未能达到设计预期的问题，一定程度上影响了绿色性能的呈现。因此，针对使用中较为突出的设备设施巡检工作量大、子系统维护复杂、人员专业性要求高、系统预警不及时、系统数据展示不直观等问题，探索搭建一套基于 BIM 的统一管理平台变得格外重要。

作为"十三五"国家重点研发计划项目"基于 BIM 的绿色建筑运营优化关键技术研发"的综合示范工程之一，维绿大厦通过成果转化，以量体裁衣的方式针对示范需求开发了基于 BIM 的设备设施管理系统、物业管理系统和能耗管理系统等，实现提升建筑绿色运行效益和使用者满意度的两大目标。

项目以 BIM 轻量化引擎与 BIMS 数据库为基础搭建运营平台，以 BIMS 数据库为核心层（图 4-35）。底层，实现上游竣工数据与建筑动态运行数据的集成；中间层，通过数据预处理形成标准的数据库内容，包括 BIM 几何数据的轻量化处理，物联网数据的采集、清洗、存储等处理；上层，实现数据的融合，一方面实现动态运行数据与原始 BIM 数据（静态几何模型）的挂接，另一方面根据业务需要，将各类数据融合、沉淀，形成符合上层业务需要的中台服务；最终通过整个流程，实现基于 BIM 的多源异构数据的采集、处理和融合。

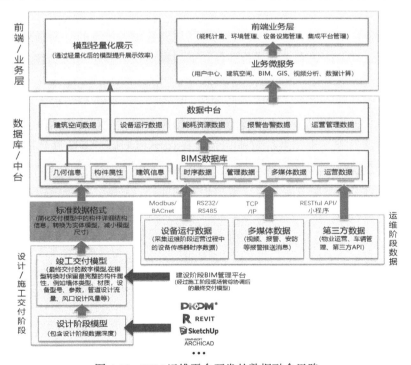

图 4-35　BIM 运维平台开发的数据融合思路

三、平台实施过程

1. 需求调研

针对维绿大厦项目子系统多、物业管理难度大的特点，项目团队在前期重点对项目当前的设备设施运行情况以及物业管理情况进行了调研，调研结果显示，大部分子系统采用手动监测的数据接入，且不具备远程自动控制的功能（图 4-36）。

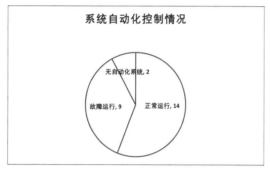 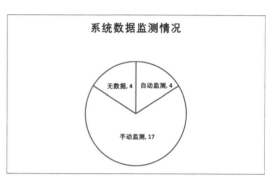

图 4-36　项目设备设施系统运行情况调研

重点需求梳理如下：

（1）解决有设备、无数据分析的问题：项目配有远传电表、多合一空气质量传感器，但相关数据未能有效长期采集并分析；计划通过集成系统实现长期、连续的数据采集，并给出数据分析与反馈。

（2）简化设备设施管理工作：项目当前设备设施管理为传统的电话联系、纸质管理模式，工作效率低，且工作效果无法评价；计划通过桌面端、移动端的设备设施管理工具优化现有工作流程；减少巡检、维保的工作量。

（3）设备设施子系统集成：项目子系统多、操作独立、物业学习成本高，导致部分系统处于故障闲置状态。将项目中业主较为关心的新风系统、视频监控系统、能耗系统、环境系统、设备设施管理系统等进行集成，并结合 BIM 模型做重要数据的展示和预警，方便物业人员远程查看操控。

（4）体现绿色建筑示范效果：除了解决传统的能耗、环境、设备设施管理及系统集成问题，本项目希望能够更进一步体现绿色建筑的相关技术和运行特色；通过增加绿色建筑动态评价模块，实时评价、展示绿色建筑的实际运行数据，结合 BIM 模型的漫游、动画等功能增强项目的展示效果。

2. 平台策划

运维系统中的各类业务都具有鲜明的特点，各个业务逻辑差异巨大。为便于后期各业务的扩展，项目在实施前期进行了整体平台的策划和搭建，如（图 4-37）所示，项目以 BIM 轻量化引擎与 BIMS 数据库为基础搭建运营平台，以 BIMS 数据库为核心层。底层，实现上游竣工数据与建筑动态运行数据的集成；中间层，通过数据预处理形成标准的数据库内容，包括 BIM 几何数据的轻量化处理，物联网数据的采集、清洗、存储等处理；上层，实现数据的融合，且实现动态运行数据与原始 BIM 数据（静态几何模型）的挂接。同时根据业务需要，梳理形成符合项目使用需要的 11 大业务模块：能耗管理、环境管理、水质管理、设备设施维保管理、绿色建筑动态评价、健康会议室、绿色办公室、智能前台、空调系统集成管理、新风系统集成管理、安防系统集成管理。并将各类前端子模块进行封装，提供前端业务的微服务，方便后期其他功能及模块的添加、修改。

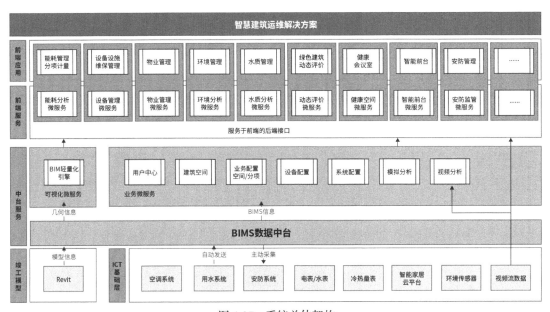

图 4-37　系统总体架构

3. 模型准备

维绿大厦 BIM 模型为 LOD500 深度，包含建筑构件、结构构件、机电设备管线以及建筑内部空间信息（图 4-38）。在对其轻量化转换过程中对模型进行编码归类，并根据运维阶段的业务需要对 BIMS 数据库的内容和深度进行了整体规划。

（1）竣工模型数据集成：对竣工模型数据进行分类、筛选和数据补充，并通过轻量化转换成 BIMS 数据，最终形成表 4-1 所示的几类数据。

（2）运维数据集成：本项目最终计划通过系统实现能耗管理、设备设施管理、物业管理三个主要功能，根据最终的使用需求以及运维阶段 BIMS 数据库的数据内容和深度要求，对能耗、设备设施、物业管理数据进行了集成、处理和轻量化展示（图 4-39）。

4. 平台功能集成

维绿大厦目前共有 11 个功能模块上线运行，就以其中最具绿色建筑及 BIM 技术应用特色的若干功能模块展开介绍。

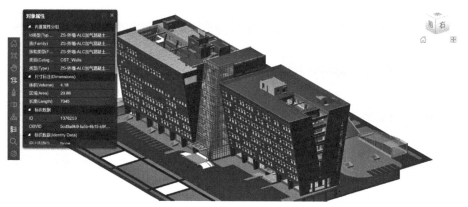

图 4-38 维绿大厦 BIM 模型

竣工模型数据深度 表 4-1

专业	构件	数据
建筑	墙、门、窗	几何数据、构件类型、楼层数据、构件材质、防火等级
结构	梁、柱	几何数据、构件类型、材质属性
给排水	设备、管道、附件	几何数据、构件类型、设计参数、所属系统
电气	设备、管道、附件	几何数据、构件类型、设计参数、所属系统
暖通	设备、管道、附件	几何数据、构件类型、设计参数、所属系统

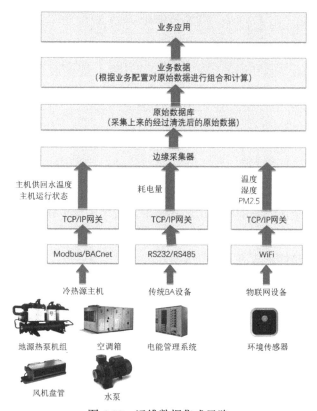

图 4-39 运维数据集成思路

1）能耗管理

目前国内外在建筑能耗监测尤其是电耗分项计量方面的应用已经很普遍，有较多成熟的监测设备和监测系统。但是能耗监测数据目前是一个比较大的数据孤岛，不能与建筑内设备、管理、空间信息等实现联动效应，没有发挥出能耗监测数据的优势，能耗数据的价值没有得到深度挖掘。因此，维绿大厦项目中对能耗管理模块基于 BIM 技术进行了如下优化：

（1）数据可视化：通过三维可视化的方式，全面展示建筑能耗水平，积累建筑物内所有设备用能的相关数据，将能耗与空间、分项、时间等不同维度的信息整合，剖析建筑能耗及费用，让建筑用能耗的表现更直观（图 4-40）。

（2）数据更全面：除电耗之外，绿色建筑实际运维过程中还对水、天然气、冷热量提出了分项计量的要求，因此本项目在传统电耗分项计量的基础上进行了多类型能耗数据的补充，并结合我国近年对碳排放的关注，提供碳排放计算功能（图 4-41）。

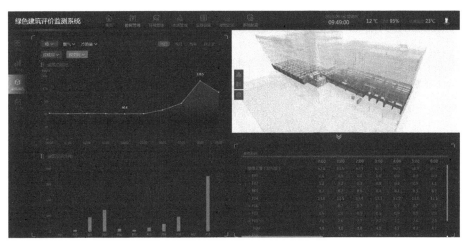

图 4-40 结合空间信息的能耗数据展示

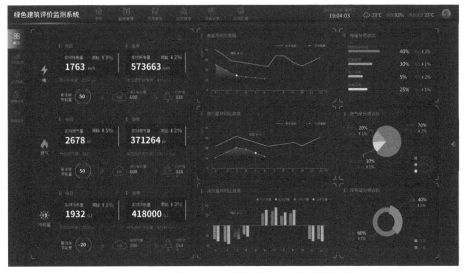

图 4-41 多维度能耗数据采集与节能减排计算

（3）融合分析：将传统能耗数据与室内外环境传感数据、人员数据、事件数据（会议等）融合分析（图 4-42），并根据分析结果自动 / 手动管控室内空调、照明等用能系统，在保证能耗水平的同时，保证了室内环境的整体舒适度（经调研，项目室内环境满意度达到 75% 以上，图 4-43）。

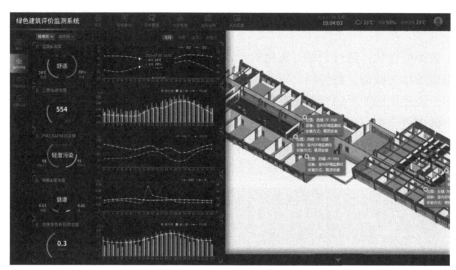

图 4-42　环境数据融合与计算

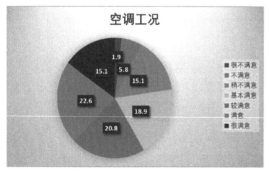
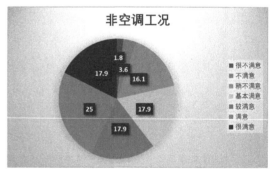

图 4-43　项目室内环境满意度调研结果

2）设备设施管理

在前期 BIM 模型的搭建过程中，对设备设施模型进行了编码处理，模型进入平台后，可自动形成设备设施的唯一 ID，并基于此 ID 对重要设备建立台账台卡，实现一物一码管理。同时，对主要用能设备进行了多个点位的实时监测。

（1）设备编码管理：通过 BIM 模型中的唯一编码 ID 及基础属性信息，自动生成设备编码，对编码设备的基础信息进行管理（图 4-44）。

（2）设备台账台卡管理：对重要大型设备建立台卡档案，包含设备铭牌信息、维修保养记录和备品备件资料等内容，避免由于物业人员变动或设备变动带来的设备设施信息丢失（图 4-45）。

（3）设备运行监测：基于 BIM 模型对项目中溶液调湿空调机组、部分区域的新风机组、排风机组进行运行监测，监测内容包括运行参数、运行状态等（图 4-46）。

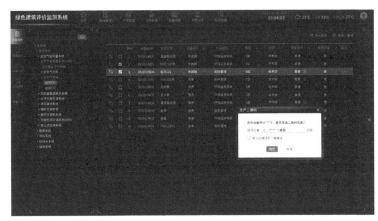

图 4-44 设备自动编码

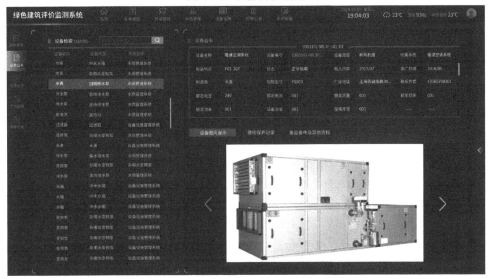

图 4-45 设备台账台卡

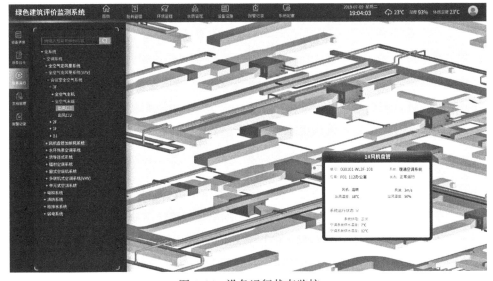

图 4-46 设备运行状态监控

3）物业管理

根据现阶段项目运行水平和物业管理情况的调研结果，结合项目"日常管理效率提升、示范应用"等管理需求，将 BIM 技术与传统物业管理系统融合，开发基于 BIM 的绿色建筑物业管理系统。

（1）工单管理：主要包括物业人员管理和排班系统、物业工单系统和移动端维修报修等功能（图 4-47）。

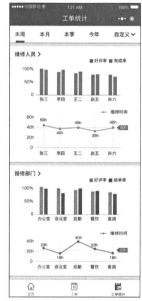

图 4-47　移动端物业报修

（2）巡检管理：《绿色建筑评价标准》中对物业的日常安防和设备设施巡检业务有明确要求。调研中发现，现有物业巡检工作主要以"主管分配定点签字"的工作方式为主，物业主管工作量较大、巡检结果反馈不及，与此同时员工巡检业务考核存在一定难度。在手机端提供标准化的绿色建筑物业管理内容（图 4-48、图 4-49），提供简单易操作的抄表工具，方便工作人员对非远传计量设备或故障设备进行手动抄表，确保运维数据准确性；设备保养工具能够按照设备要求的保养周期自动分派任务工单，保障设备设施正常运行，延长相关资产使用寿命；人员绩效评定工具能够有效汇总、统计物业员工工作量，方便管理层对员工绩效进行有据考核。绿色建筑的物业管理系统能够规范运行，形成标准、统一的物业管理要求，提高绿色建筑运维水平。

（3）健康会议室管理：根据日常运行需要，对建筑内主要会议室进行智能化管控，提供统一会议预约、会议通知发送、会议 BIM 导航等功能（图 4-50）。

（4）动态评价与物业服务展示：针对当前绿色建筑群众感知弱的问题，项目根据动态采集数据，结合设计阶段基础数据，实现了对项目的实时绿色动态评价（图 4-51）。将重要统计结果通过电子展示台（图 4-52）的形式对外公示，并向群众提供参与建筑运行效果反馈的途径（满意度反馈）。同时将建筑评价数据与所在地同类建筑平均评价数据进行比对，有效展示建筑运行水平，推动物业单位开展绿色物业业务。

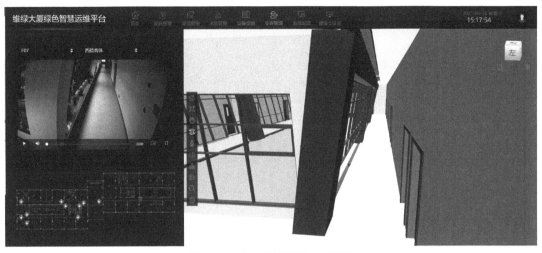

图 4-48　公共区域视频自动巡检

图 4-49　移动端扫码抄表 / 设备巡检

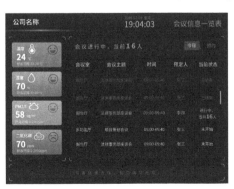

图 4-50　会议可视化预约系统

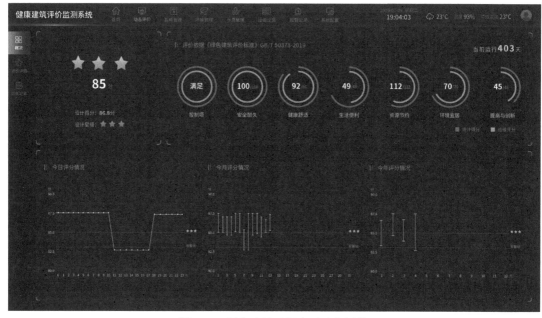

图 4-51　绿色建筑运行水平动态评价

图 4-52　绿色建筑动态展示台

四、平台使用和推广价值

为保证项目运维效果，项目组统计了 2020 年 1—12 月期间的建筑能耗，同时于 2021 年 1 月、4 月对建筑内办公人员的满意度、业主单位的使用情况进行了测试和调研。结果显示，项目能耗、环境均能够达到绿色建筑的较高要求，同时，物业管理的设备设施管理效率也有明显提升，具体情况如下：

（1）项目全年总能耗为 1320835kW·h（含能源站能耗），年单位面积能耗为 52.6kW·h/（m²·a），低于《民用建筑能耗标准》（GB/T 51161—2016）能耗约束值的 70%；未来重点对用能末端的设备和用能习惯进行优化，优化幅度预计可达 5%～10%。

（2）环境水平显著提高，空调工况下，调研结果显示环境满意度达到 77%；非空调工况下，调研结果显示环境满意度达到 79%。

（3）设备设施管理方面，通过集成化管理，预计可实现 10% 人员成本的节约。

按项目年运营成本 510 万元计（图 4-53），全年总运营成本预计可节约 33.5 万元。

230万元
人工成本

221万元
能耗成本
（其中末端能耗90万元）

59万元
维护成本

图 4-53　运营成本评估

本项目充分发挥了 BIM 的信息集成特点，建立了基于 BIM 的绿色建筑运营智慧管理系统框架，将有效解决绿色建筑"无法落地"的技术瓶颈，促进绿色建筑从设计到施工、再到运维的全流程应用。

本项目形成的基于 BIM 的绿色建筑运营管理的融合技术方案和系统平台，可提升当前绿色建筑物业管理的技术水平，通过动态评价的方式及时向业主反馈绿色技术的实际运行效果，为建筑后期运营维护提供科学策略和方法。

案例 13　国信海天中心

项目名称： 国信海天中心

建设地点： 青岛市市南区香港西路 48 号

占地面积： 3.28 万 m²

建筑面积： 49 万 m²

竣工时间： 2021 年 6 月

获奖情况：

1. 中国三星级绿色建筑设计标识

2. LEED 金级认证

扫一扫即可浏览
本章高清图片

一、项目概况

青岛国信海天中心位于青岛市市南区香港西路 48 号，总建筑面积 49 万 m²，建筑高度 369m，是一座集办公、会议、商务、观光、文娱于一体的超高层城市综合体。建筑外形采用水平横向线条相间形式和色彩搭配，为青岛第一高楼（图 4-54）。

图 4-54　青岛国信海天中心全景

项目在绿色节能方面，按照中国绿色建筑三星级标准进行设计和建造，同时对标 LEED 金级认证。

空调系统方面，T1 的办公层和 T3 使用多联机作为冷源，T1 酒店区采用高效离心机和螺杆机，超高层 T2 塔楼采用离心机和螺杆机。热源方面，采用高效燃气锅炉进行供热。根据节能运行要求，冷热源、输配系统和照明等各部分能耗进行独立分项计量，有助于分析建筑各项能耗水平和能耗结构是否合理。

节水方面，根据所在区域的市政条件、水资源状况、气候特点等实际情况，制定了水资源综合利用方案。给排水系统选用节能高效的设备、管材和节水器具，合理采用了雨水收集和回用系统。

室内环境方面，对室内自身声源和室外的噪声进行了隔声处理，主要功能房间的室内噪声级满足现行国家标准。建筑照明采用 LED 光源和智能调光控制，提高办公场所整体品质。

二、创新成果应用

海天中心"物业智能化管理云平台"的目标是建成统一标准、统一数据库的大数据管理和分析系统，博锐尚格开发团队通过研发成果的落地转化，为海天中心量身打造了物业智能化管理云平台数据字典（以下简称"数据字典"），并作为交付成果。

此次成果示范面向海天中心全部范围，通过基于 BIM 的运营优化平台将 BIM 模型与数据字典匹配，对项目智慧运维管理平台所需的 BIM 模型进行数据优化，以建筑运维数据字典为标准，对模型构件的命名、属性、连接关系等信息进行录入和修改，实现建筑运维管理系统底层数据的标准化，支撑 BIM 运维智慧平台的开发建设（图 4-55、图 4-56）。

海天项目

分类	一级名称	编码	二级名称	编码	三级名称	编码	四级名称	编码	备注
	内部交通空间	01000	主要交通空间	01100	走廊	01110			
					步行商业街	01120			
					集散大厅	01130			
					连廊	01140			
					移动人行道	01150			
			过渡交通空间	01200	出入口门厅	01210			
					出入口过厅	01220			
					保安岗	01230			
					电梯厅	01240			
					货运电梯厅	01250			
					休息平台	01260			
					接待处	01270			
					气闸室	01280			
					门斗	01290			
					登机道	012A0			
			连接空间	01300	室内连桥	01310			
			室外交通空间	01400	外廊	01410			
					室外连桥	01420			
			避难空间	01500	前室	01510	楼梯前室	01511	
							消防电梯前室	01512	
							合用前室	01513	
					避难层	01520			
					避难通道	01530			
			室外停车场	02100	室外停车场交通空间	02110			
					室外停车场出入控制点	02120			
					室外停车位	02130			
					室外机械立体停车	02140			

图 4-55　项目的空间编码示例

（非索绍对象）

专业编码	专业英文名称	专业名称	系统类编码	系统类英文名称	系统类名称	设备设施类编码	设备设施英文名称	设备设施名称	设备设施部件类编码	设备设施部件类英文名	设备设施部件类名称
SE	Strong Electricity	强电专业	TD	Transformation and Distribution	变配电系统	TDTF	Transformer	变压器			
						TDHS	High Voltage Switch Cabinet	高压开关柜	TDHSIP	Integrated Protection Device	综合保护装置
						TDLS	Low Voltage Switch Cabinet	低压开关柜	TDLSDW	Distribution Drawer	低压配电抽屉
						TDDS	Direct Current Screen	直流屏			
						TDIV	Inverter	逆变器			
						TDBP	Bus Plug	变配电母线插接箱			
						TDCU	Control Unit	变配电控制箱			
			DG	Diesel Generator	柴发机房系统	DGDG	Diesel Generator	柴油发电机			
						DGDT	Diesel Tank	柴发储油箱			
						DGPP	Pump	柴发输油泵			
						DGTH	Jacket Heater	柴发水套加热器			
						DGEP	Exhaust Purification Device	柴发废气净化装置			
						DGCU	Control Unit	柴发控制箱			
			BP	Backup Power	备用电源系统	BPBP	Backup Power	备用电源			
						BPSP	Solar Panel	太阳能光伏板			
						BPWG	Wind Generator	风力发电装置			
						BPHT	Host Terminal	备用电源主机			
						BPCU	Control Unit	备用电源控制箱			
			EP	Engine Room Power	机房动力系统	EPCU	Control Unit	机房动力控制箱			
			OP	Outdoor Power	室外动力系统	OPCU	Control Unit	室外动力控制箱			
			EL	Elevator	电梯系统	ELEL	Elevator	直梯			
						ELES	Escalator	扶梯			
						ELCU	Control Unit	电梯控制箱			
						ELET	Elevator Tractor	电梯曳引机			
			LT	Lighting	照明系统	LTLT	Lighting	照明灯具			
						LTCC	Circuit	照明回路			
						LTLG	Lighting Group	照明灯组			
						LTCU	Control Unit	照明控制箱			
						LTCP	Control Panel	照明控制面板			
			TP	Tenant Power	租户配电系统	TPCU	Control Unit	租户配电控制箱			
						TPBP	Bus Plug	租户母线插接箱			
			LP	Lightning Protection	雷电防护系统	LPAT	Air Termination	接闪器			
						LPDL	Down lead	引下线			
						LPGD	Grounding Device	接地装置			
			SD	Strong Electricity Defense	强电人防系统	SDCU	Control Unit	强电人防控制箱			
							Host Terminal				

图 4-56　项目的设备编码示例

数据字典对建筑和建筑中的各类机电系统进行了标准化的信息表达。为了实现青岛海天中心基于"物联网＋互联网"对建筑能源、变配电、室内环境品质、商铺用能缴费、设备设施等进行统一和高效管理的运维需求，实现高效率、高品质、高安全、低能耗的管控效果，博锐尚格数据字典的内容不仅局限于物业智能化管理云平台所涉及的信息，还包含描述建筑、建筑设备设施、建筑能耗、建筑环境相关的所有信息，以便于自由对接各类智能化系统，包括 BA、冷站群控、视频监控、电梯监控等智能化系统。

三、平台实施过程

1. 运营需求分析

青岛海天中心作为青岛第一高楼，具备建设 BIM 运营管理的全部前置条件，其机电系统的建设包括楼宇自动化系统、门禁系统、消防系统、停车场管理系统、巡更系统、无线对讲系统等，配置较为完善。建设依托于 BIM 的运营管理平台，通过智能化系统的顶层设计，打通建筑智能化建设的最后一公里，有助于提升业主对建筑服务品质的满意度。

总体而言，本项目量身定制的绿色建筑 BIM 智慧运营平台主要面向三大需求：安全需求、智慧需求和绿色需求。

（1）安全需求：任何自然灾害、设备故障、突发事件等都可能给项目造成巨大的损失。为确保项目自身安全、建筑内的人身安全等方方面面，进一步提高安全管理水平和应急处置能力，需建立通过 BIM 统一各系统信息的运行监控和维修调度信息化管理系统，最大限度地保障基础设施设备的运行安全。

（2）智慧需求：通过智能化、信息化管理手段，引入 BIM 技术整合设施设备分散的信息，集成控制通风、照明、电量监测、视频监控、物业管理子系统，对设施设备进行可视化表达，形成反应快速、控制精确的管理机制，实现信息、资源和任务的共享，以降低设施设备管理难度，提高管理效率、设备利用率，降低运行成本，延长设备使用寿命，提高系统整体运作安全性、可靠性，实现建筑总体优化的目标，切实保障建筑的智慧运行，提升整体服务水平。

（3）绿色需求：公共建筑中的设施设备运行合理程度、经济能耗技术水平和设施设备管理人员的精细化节能管理意识决定着公共建筑设施设备的能耗水平。采用 BIM 运营平台，在设施设备的节能降耗管理上需制定科学合理的设备经济运行模式，采取成效显著的节能降耗技术措施，用信息化、专业化、精细化管理手段实现节能降耗、绿色环保的管理目标。

2. 系统架构设计

博锐尚格基于数据字典进行海天中心"物业智能化管理云平台"的数据库架构设计开发和应用功能开发，技术架构如图 4-57 所示。

数据库架构包含本地和云端两部分，根据不同的需求分别布置，提供统一的数据标准和接口，对所有上层应用开放，开发不同应用功能时，无须重新对接底层数据。系统中所有基础数据的存储、计算、数据调用，都来自该数据库架构。

通过上述工作，建立了标准化、高扩展性、高交互性的底层数据基础，便于进行海天中心"物业智能化管理云平台"的灵活定制开发；且实现了数据的无差别共享和快捷检索，便于与海天中心其他智能化系统进行高效对接。

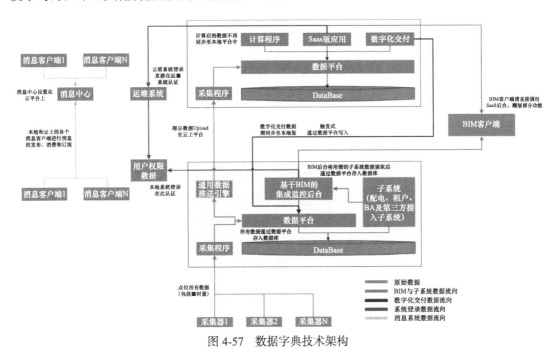

图 4-57　数据字典技术架构

3. 系统实施进程

结合项目的建设需求，博锐尚格团队与业主开展了多次深入的方案讨论，并组织行业相关专家讨论 BIM 运维系统建设的主要功能和可实现的整体效果，最终从竣工模型的承接、轻量化处理到运营模型建立与数据字典的应用，完成了关键技术的开发和系统集成。

项目整体实施进度分为三大阶段：

第一阶段，建模和初始化：完成本项目 BIM 模型的建模工作及设备基础信息的初始化工作，并同本项目中新建子系统进行数据打通，作为 BIM 运维平台研发的基础条件。

第二阶段，BIM 平台定制开发：基于 BIM 模型与各系统的集成数据，以业务功能需求为基础进行软件平台功能的设计、开发、测试及上线调试部署等工作。

第三阶段，系统集成和数据集成：以系统集成的方式将第三方开发的停车、客流、视频监控、消防监控系统的数据集成到 BIM 运维平台中。

基于策划阶段确定的平台方案，将数据字典技术应用于该项目，对比楼宇 BA 系统的参数信息输入平台（图 4-58），开发 BIM 综合管理平台，设备设施管理系统，能源管理系统，空间管理和资产管理、安防管理、能耗和环境管理模块等。现场施工人员进行现场的硬件安装调试，保证系统能够正常运行，最终在监控中心能够看到 BIM 运维平台的正常使用。

系统	设备	编码	信息点	信息点编码	单位	字典选择	数据类型	集成类型	备注
空调末端系统	空调机组	ATAH-1	运行状态	RunStatus		0. 停止 1. 运行	Bool	Boolv	
空调末端系统	空调机组	ATAH-1	故障状态	FaultStatus		0. 正常 1. 故障	Bool	Boolv	
空调末端系统	空调机组	ATAH-1	手自动状态	ManualAutoStatus		0. 手动 1. 自动	Bool	Boolv	
空调末端系统	空调机组	ATAH-1	在线状态	OnlineStatus		0. 离线 1. 在线	Bool	Boolv	
空调末端系统	空调机组	ATAH-1	新风阀开度	FreshAirValveOpening	%		Double	Inst	
空调末端系统	空调机组	ATAH-1	回风温度	ReturnAirTemp	℃		Double	Inst	
空调末端系统	空调机组	ATAH-1	回风相对湿度	ReturnAirRH	%RH		Double	Inst	
空调末端系统	空调机组	ATAH-1	回风阀开度	ReturnAirValveOpening	%		Double	Inst	
空调末端系统	空调机组	ATAH-1	冷水出口温度	ChillWaterOutTemp	℃		Double	Inst	
空调末端系统	空调机组	ATAH-1	冷水阀开度	ChillWaterValveOpening	%		Double	Inst	
空调末端系统	空调机组	ATAH-1	送风温度	SupplyAirTemp	℃		Double	Inst	
空调末端系统	空调机组	ATAH-1	风机频率	FanFreq	Hz		Double	Inst	
空调末端系统	空调机组	ATAH-1	设备开关设定	EquipSwitchSet		0. 停止 1. 运行	Bool	Boolp	
空调末端系统	空调机组	ATAH-1	回风温度设定	ReturnAirTempSet	℃		Double	Nump	
空调末端系统	空调机组	ATAH-1	回风CO2浓度设定	ReturnAirCO2Set	ppm		Double	Nump	
空调末端系统	空调机组	ATAH-1	送风温度设定	SupplyAirTempSet	℃		Double	Nump	
空调末端系统	空调机组	ATAH-1	状态反馈与指令不符报警	OrderFailAlarm		0.正常 1.报警	Bool	Boolv	
空调末端系统	空调机组	ATAH-1	过滤网压差报警	PrimFilterAlarm		0. 正常 1. 报警	Bool	Boolp	初效过滤器报警
空调末端系统	空调机组	ATAH-1	防冻报警	FrozenAlarm		0. 正常 1. 报警	Bool	Boolp	
空调末端系统	空调机组	ATAH-1	设备开关设定	EquipSwitchSet		0. 停止 1. 运行	Bool	Boolp	
空调末端系统	吊装空调	ATAH-2	运行状态	RunStatus		0. 停止 1. 运行	Bool	Boolv	
空调末端系统	吊装空调	ATAH-2	故障状态	FaultStatus		0. 正常 1. 故障	Bool	Boolv	
空调末端系统	吊装空调	ATAH-2	手自动状态	ManualAutoStatus		0. 手动 1. 自动	Bool	Boolv	
空调末端系统	吊装空调	ATAH-2	在线状态	OnlineStatus		0. 离线 1. 在线	Bool	Boolv	
空调末端系统	吊装空调	ATAH-2	回风温度	ReturnAirTemp	℃		Double	Inst	
空调末端系统	吊装空调	ATAH-2	冷水阀开度	ChillWaterValveOpening	%		Double	Inst	
空调末端系统	吊装空调	ATAH-2	送风温度	SupplyAirTemp	℃		Double	Inst	
空调末端系统	吊装空调	ATAH-2	设备开关设定	EquipSwitchSet		0. 停止 1. 运行	Bool	Boolp	
空调末端系统	吊装空调	ATAH-2	回风温度设定	ReturnAirTempSet	℃		Double	Nump	
空调末端系统	吊装空调	ATAH-2	状态反馈与指令不符报警	OrderFailAlarm		0.正常 1.报警	Bool	Boolv	
空调末端系统	新风机组	ATFU	运行状态	RunStatus		0. 停止 1. 运行	Bool	Boolv	
空调末端系统	新风机组	ATFU	故障状态	FaultStatus		0. 正常 1. 故障	Bool	Boolv	
空调末端系统	新风机组	ATFU	手自动状态	ManualAutoStatus		0. 手动 1. 自动	Bool	Boolv	
空调末端系统	新风机组	ATFU	在线状态	OnlineStatus		0. 离线 1. 在线	Bool	Boolv	
空调末端系统	新风机组	ATFU	新风阀开闭状态	FreshAirValveStatus		0. 关闭 1. 开启	Bool	Boolv	
空调末端系统	新风机组	ATFU	冷水出口温度	ChillWaterOutTemp	℃		Double	Inst	

图 4-58 项目 BA 系统与数据字典对照表

4. 系统平台和平台功能

本项目通过将 BIM 运维管理平台与建筑运维数据字典进行对接，实现建筑运维管理系统底层数据的标准化，从而进一步梳理规范业务流程、统一数据标准，实现对设备台账、运行及工程管理等业务的管理要求，为青岛海天中心的 BIM 运维管理平台建设提供标准化数据平台的有力支撑。

本项目平台开发的技术应用框架如图 4-59 所示，可以分为设备层、子系统、项目集成管理平台、集团中心平台四个管理层次。数据底层由数据采集设备层的各传感器与执行器设备构成，通过子系统对数据进行集成；然后在项目集成管理平台层面集合各子系统，形成项目集成管理平台；最终在集团中心平台层面，基于底层标准化的数据接入，形成建筑运维数据字典标准下的建筑信息数据中台，为整体建筑运维管理的高效实现提供强有力的数据支持。

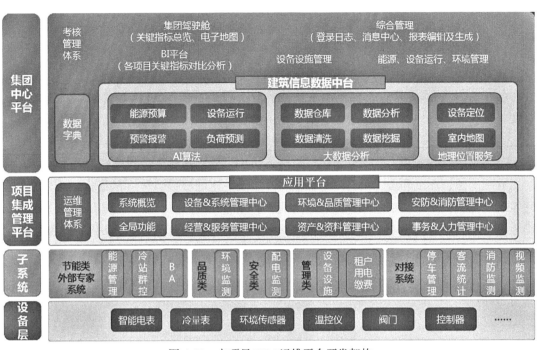

图 4-59 本项目 BIM 运维平台开发架构

设备层：包括智能电表、冷量表、环境传感器、温控仪、阀门、控制器等各种各传感器与执行器设备。

子系统：包括节能类外部专家系统（能源管理、冷站群控、BA 等），品质类系统（环境监测等），安全类系统（配电监测等），管理类系统（设备设施、租户用电缴费等），以及对接系统（停车管理、客流统计、消防监测、视频监测等）。

项目集成管理平台：这一层是运维管理体系的应用平台，涵盖系统概览、设备和系统管理中心、环境和品质管理中心、安防和消防管理中心、经营和服务管理中心、资产和资料管理中心、事务和人力管理中心，以及全局功能等应用功能。

集团中心平台：建筑运维数据字典标准下的建筑信息数据中台，通过与 BIM 模型挂接的形式，对建筑数据信息进行基于语义的规范化定义和分类管理，并提供以此为基础的 AI 算法（能源预算、设备运行、预警报警、负荷预测）、大数据分析（数据仓库、数据分析、数据清洗、数据挖掘）、地理位置服务（设备定位、室内地图）等相关数据服务，并最终通过集团驾驶舱（关键指标总览、电子地图），综合管理（登录日志、消息中心、报表编辑及生成），BI 平台（各项目关键指标对比分析），设备设施管理，以及能源、设备运行、环境管理等功能服务于集团的考核管理体系。

青岛海天中心物业智能化管理云平台建设项目，博锐尚格通过建立基于"物联网＋互联网"的运维管理系统，对建筑能源、变配电、室内环境品质、商铺用能缴费、设备设施等进行统一和高效管理，帮助国信集团实现对青岛海天中心的高效率、高品质、高安全、低能耗管控。

该示范项目在原有绿色建筑的基础上，辅助原有运维管理平台进行深层次运维，实现了绿色生态转型，成为绿色商业综合体建筑基于 BIM 的运维管理的标杆项目。此外，青岛海天中心项目通过建立第一个完整集合 MEOS 和 BIM 的集团管控运维管理平台，建设改变行业管理理念的运维管理系统，这不仅仅是系统软件功能的建设，更是国信物业智能化管理理念和能力的一次重要提升。

基于 BIM 的运维管理平台界面从整体业务逻辑到不同场景的应用，分成了驾驶舱、能源管理、设备管理、环境管理等界面。以下就驾驶舱和设备管理进行简要介绍。

针对海天中心项目，BIM 运维平台的主界面定义为建筑指标数据驾驶舱（图 4-60），类比于汽车的驾驶面板，驾驶舱为运维管理人员提供楼宇的整体性能信息情况，在该界面可以看到能源、环境和设备设施等整体信息，以及关键的报警信息，有助于人们快速了解建筑运维全貌。博锐尚格的该设计理念得到了行业用户的广泛认可，尤其是对于项目资产管理有着较高要求的商业地产集团，通过驾驶舱界面的全局概览，可对集团不同项目进行全面快速地了解。

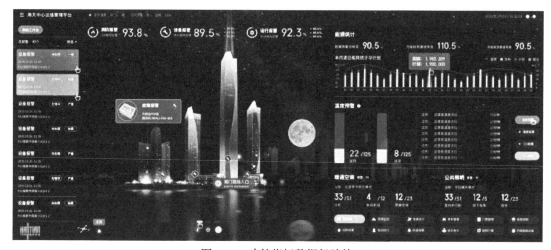

图 4-60　建筑指标数据驾驶舱

设备管理界面可以从整个系统总览，到平面关系再到单台设备的信息管理，逐步深入，实现不同层面的功能需求。例如，在设备总览层面（图 4-61），直观展现项目的设备运行报警问题，结合 BIM 模型和视频监控对报警点进行立体定位，跟踪到相关报警点后，基于系统中已有的故障信息经验，给出初步的故障判断，以支持项目管理人员形成初步的检修方案。设备平台面图层面（图 4-62）为设备运行控制提供了直接的入口，能够全面了解设备的运行状况和相关参数；同时，对系统的管理、暗装的构件等隐蔽工程可视化，帮助运维人员了解整体逻辑和发现定位问题。BIM 运维平台还支持对具体设备的直接查看，支持专业人员对异常问题快速发现、立体定位，大大降低了运维管理难度，缩短了发现问题的时间（图 4-63）。

图 4-61 设备总览界面

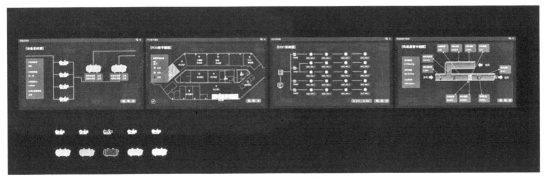

图 4-62 设备平面图界面

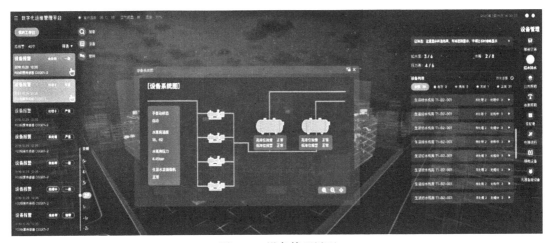

图 4-63 设备管理界面

四、平台使用和推广价值

海天中心通过基于 BIM 的"物业智能化管理云平台"实现项目运营的绿色生态转型，在原有绿色建筑的基础上，辅助原有运维管理平台进行深层次运维，成为绿色办公建筑基于 BIM 的运维管理的标杆项目。

通过建筑运维标准数据字典的开发和示范应用，建立了基于"物联网＋互联网"的运维管理系统，对建筑能源、变配电、室内环境品质、商铺用能缴费、设备设施等进行统一和高效的管理，帮助国信集团实现对海天中心的高效率、高品质、高安全、低能耗管控。通过梳理规范业务流程，统一全新数据标准，实现对设备台账、运行及工程管理等的业务管理要求。

案例 14　丽泽 SOHO

项目名称：丽泽 SOHO

建设地点：北京市丰台区丽泽路 20 号院 1 号楼

占地面积：3 万 m²

建筑面积：17.28 万 m²

竣工时间：2019 年 9 月

获奖情况：

1. 绿色建筑二星设计标识

2. LEED 金级认证

扫一扫即可浏览
本章高清图片

一、项目概况

丽泽 SOHO（图 4-64）项目位于北京市丰台区丽泽金融商务区，主要功能为办公，总规划用地面积 3 万 m²，总建筑面积 17.28 万 m²，地下 4 层，地上 45 层，总高度 200m，于 2019 年开始投入使用。

图 4-64　丽泽 SOHO 实景

丽泽 SOHO 在绿色节能方面，按照绿色建筑三星级标准进行设计和建造。项目空调冷源采用区域能源中心，自建冷冻站作为备用冷源，热源为市政热力。空调系统为风机盘管加新风系统、局部全空气系统，首层大堂及地下一、二层中庭区域设置低温热水地面辐射采暖系统提供辅助加热。生活给水采用变频泵供水系统，生活热水采用太阳能热水系统，空气源热泵为辅助热源。设置中水回收及回用系统，污废水分流。给排水系统方面，主要设置雨水回收利用系统。

二、创新成果应用

丽泽 SOHO 属于大型商业综合体公共建筑，机电系统相比常规公共建筑更为复杂，该项目包含制冷站系统、新风空调机系统、风机盘管控制系统、送排风系统、给排水系统、照明系统、热交换系统、电扶梯系统、变配电系统、视频监控系统、出入口控制系统和停车库管理系统等。用户多样性、高配置的机电系统和安全防范系统带来的复杂性，提高了物业运维工作的难度。结合建筑人员密集、设备密集、信息密集的特点，博锐尚格支持建设了一套依托于 BIM 的运营管理平台，通过智能化系统的顶层设计优化物业人员的管理方式、管理流程等成了业主方迫切的需求。

作为"十三五"国家重点研发计划项目"基于 BIM 的绿色建筑运营优化关键技术研发"的综合示范工程之一，丽泽 SOHO 项目在前期建设中自主使用 BIM 技术用于施工管理的工作基础之上，通过成果转化，博锐尚格针对性地开发了基于 BIM 的绿色建筑运营平台，将 BIM 模型与数据字典匹配，以建筑运维数据字典为标准，从数据标准层面支持建筑运维管理平台的应用需求。BIM 平台的建设过程中，还应用了项目组自主研发的 BIM 运维模型轻量化关键技术、能源管理系统等，对推进绿色建筑运营 BIM 平台技术研究提供实践案例参考。

三、平台实施过程

针对丽泽 SOHO 如此大体量的超高层建筑，博锐尚格在基于 BIM 的 3D 版运营管理平台开发过程中，模型轻量化处理及 3D 引擎的选择非常重要。在对比多个 3D 引擎特点之后，博锐尚格团队选择了专门适合制作大场景展示的 U3D 引擎作为设计方案的基础。

最终开发的运营管理平台包括建筑围护系统、建筑景观系统、租赁系统、消防系统、视频监控系统、巡更系统等多个系统。

1. 系统构成

1）建筑围护系统

建筑围护系统指在选择的 U3D 引擎中搭建起的建筑及房间的门、墙、窗等围挡物模型的系统，是其他系统的建构基础。该系统将还原真实的丽泽 SOHO 的建筑情况，使 3D 数据模型与实际的建筑情况相一致。

应用 Revit 软件打开原始 BIM 数据模型格式文件，以 BIM 数据模型为基础，结合实地调研，在 Revit 中对模型进行分项整理，将属于建筑围护系统的模型在 Revit 中分类提取出来。建筑围护系统中计划提取的主要类别有：外层墙体（CLD）、建筑玻璃（GLZ）、楼层地板（DSN）及其他必要的模型文件。

2）建筑景观系统

由于原始 BIM 数据模型中仅包含建筑广场的装饰与绿化模型，为了实现展示效果最优化，需要搭建天空、绿地、马路、周边建筑等周边景观模型，因此需要根据设计方案对这一景观系统进行重新设计与制作。

首先在 Rhino 中设计建筑周边的马路、斑马线、建筑、绿化等分布模型。为了提高最终的视觉展示效果，将周边建筑进行差异化设计，同时根据地下层展示方案对地面进行处理。

3）租赁系统

原始 BIM 数据模型中并没有租户模型信息，利用对接完成后的租赁数据，在系统运行过程中，将各租户名称在 BIM 模型中进行展示，并设计一套以颜色直观区分租赁体系结合展示效果的模型，用于租赁数据的视觉表达（图 4-65）。

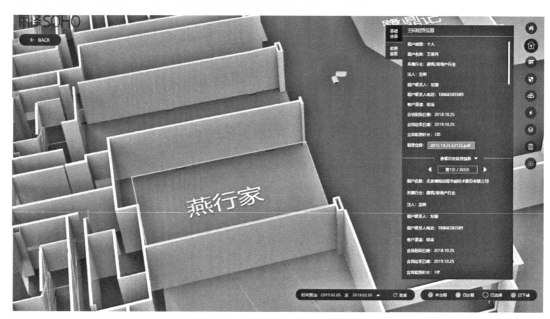

图 4-65　模型效果（租赁模块）

4）消防系统

原始 BIM 数据模型中并没有消防模型信息，由于消防报警过多，在系统运行中，只需将所有的报警标定在所对应的模型建筑楼层上，并设计一套以颜色直观区分报警体系结合展示效果的模型，用于消防系统的视觉表达（图 4-66）。

5）视频监控系统

安防摄像系统能够帮助用户实时在线监测建筑内部的情况，及时了解建筑内各部分的运行状况。博锐尚格团队根据调研信息将摄像头模型加入建筑中并对应好位置，将制作好的模型转换为 FBX 格式后，导入 U3D 中即可将摄像头与后台通道进行对应，实现在线的实时监控（图 4-67）。

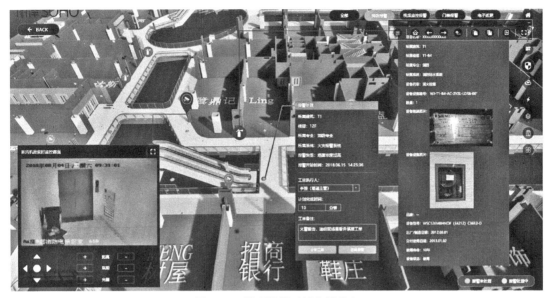

图 4-66　模型效果（消防模块）

图 4-67　模型效果（安防模块）

6）门禁系统

门禁系统中，博锐尚格团队真实还原每个房间门状态及报警信息。通过 Revit 打开模型后，将基础设施及管路设备按系统属性进行分组导出，最终导入到 3Dmax 中对材质及位置关系进行编辑（图 4-68）。

7）巡更系统

利用提供的 BIM 信息模型，博锐尚格团队根据实地调研与平面图分析将巡更点位模型加入建筑中并对应好位置，将制作好的模型转换为 FBX 格式后，导入 U3D 中即可将巡更点位与后台通道进行对应，实现在线的实时监控（图 4-69）。

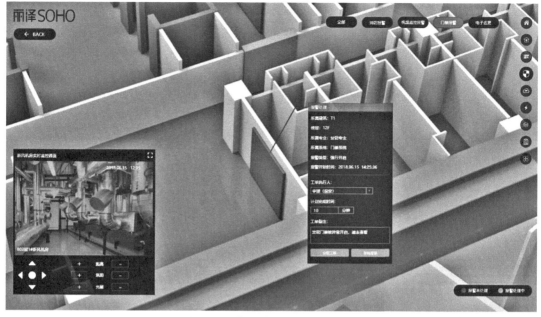

图 4-68　模型效果（门禁模块）

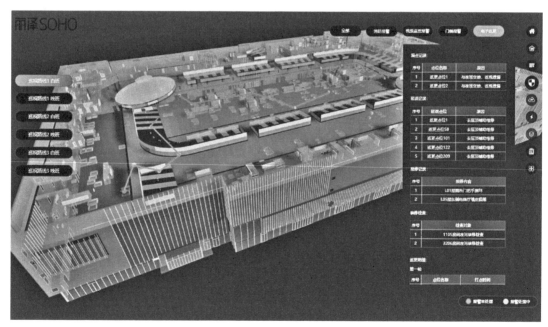

图 4-69　模型效果（点位分布）

2. 平台功能

1）总览界面（图 4-70）

主界面中的功能包括：对项目的出租率统计、今日报警统计、能耗统计进行总览显示，并可通过 BIM 模型进行路线漫游。

2）租赁管理（图 4-71）

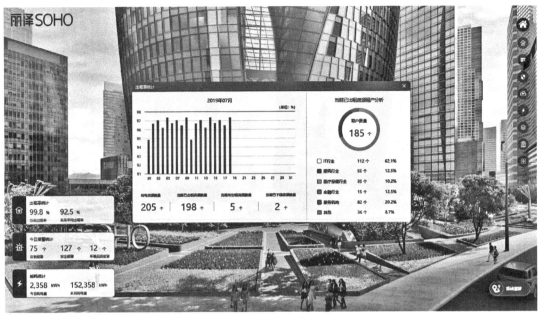

图 4-70　BIM 管理平台总览界面

图 4-71　租赁管理平台界面

租赁管理的主要功能包括：

（1）总体查看建筑租户信息、租户欠费数据、租赁统计的各项详细数据。

（2）对已出租的空间查看租赁信息，包括：租户名称、联系人、起租日期等。

（3）通过列表方式查看项目所有租户，并可根据租期进行筛选。

（4）通过列表方式查看欠费租户信息。

3）设备监控（图 4-72）

设备监控的主要功能包括：

（1）查看项目中的各类报警，包括暖通、给排水、消防、安防报警等。

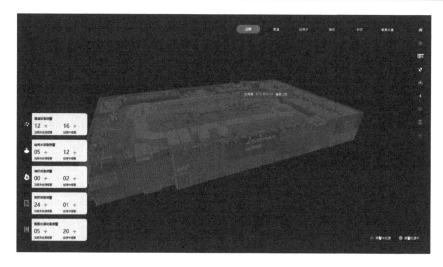

图 4-72　设备监控平台界面

（2）查看报警详细信息，包括未处理报警、处理中报警、按时完成报警等，并查看各报警类型、时间等。

（3）根据具体报警内容派发不同工单，工单执行人通过 APP 进行工单处理。

（4）查看各类报警设备的运行数据，数据来源于 IBMS 系统。

4）安全监控（图 4-73）

安全监控界面的主要功能包括：

（1）查看消防报警数据、视频监控报警数据、门禁报警数据及电子巡更数据。

（2）当消防报警、视频监控或门禁报警时，可通过模型定位消防报警设备位置并显示报警详情，同时显示报警点周围实时监控画面。

（3）工作人员可根据报警界面反映的报警信息派发工单，执行人根据工单类型到现场处理问题。

（4）可通过 APP 扫码方式实现实时电子巡更，并可查看漏点记录、延误记录、报修记录等。

图 4-73 安全监控平台界面

5）品质监控（图 4-74）

品质监控的主要功能包括：

（1）可查看室内温度、PM2.5 浓度及室内照明开关情况。

（2）可查看环境品质最大值、最小值、实时温度曲线等详细数据。

（3）当室内环境值超过设定阈值后可产生报警工单并自动派发。

（4）可通过 BIM 模型查看建筑内各照明区域开关情况，并通过颜色渲染不同的运行情况。

6）能源管理（图 7-75）

能源管理的主要功能包括：

（1）对建筑内能耗进行梳理，BIM 平台端展示项目能耗模型树。

（2）点击模型可进行能耗分析和对比，并通过柱状图及饼状图进行分析结果展示。

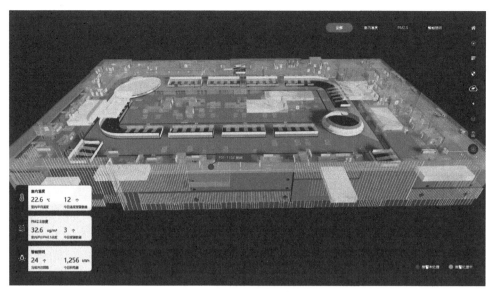

图 4-74　品质监控平台界面

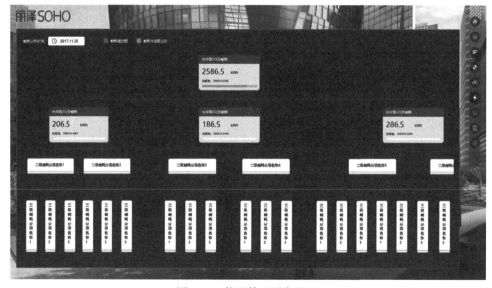

图 4-75　能源管理平台界面

7）资产管理（图 7-76）

资产管理的主要功能包括：

（1）可分别查看出租房源、设备台账、固定资产和资料档案。

（2）可查看各层各房间的基本信息和租赁信息，并可通过模型进行定位。

（3）设备台账中可查看所有设备编码信息、设备型号、安装位置、供应商名称，并可根据所属建筑、专业等进行分类查看，同时可检查建筑内当前维修中设备、维保中设备及即将报废设备。

（4）固定资产中可查看所有固定资产的编码、设备名称、品牌、特征描述、单价、资产使用人等详细信息，并根据建筑、楼层、区域等进行分类，可检查即将报废的资产和盘亏资产。

（5）档案管理可查看项目上各资产资料，包括承接检查档案、运维档案及 BIM 模型，并可查看相关设备及专业图纸。

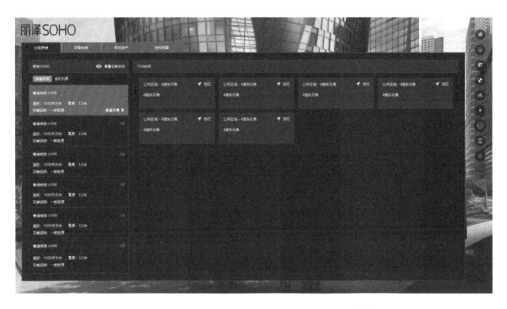

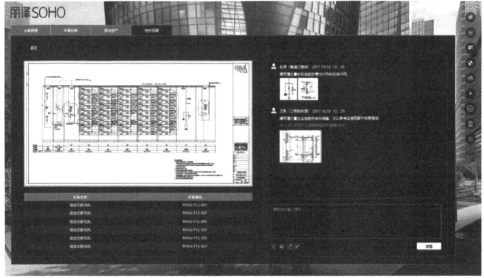

图 4-76　资产管理平台界面

8）维护计划（图 4-77）

维护计划的主要功能包括：

（1）可根据项目维保项设置对应维保内容、维保频次等，通过表格显示可查看全年、每周、每月等维保计划。

（2）通过不同图标显示维保状态，如：未开始、执行中、审核中、按时完成和延期完成等。

图 4-77　维保计划平台界面

9）综合管理（图 4-78）

综合管理的主要功能包括工单管理、统计报表、人员权限和帮助文件。

（1）统计报表中可查看项目所有报警信息并查看报警数量及工单数量。

（2）可详细查看每一个报警的设备编码、报警主机、报警类型、报警时间、处理状态等。

（3）人员权限中可根据部门、岗位、职位等添加相应工作人员。

（4）帮助文件中可查看平台使用说明及常见问题说明，帮助使用者快速熟悉及使用该平台。

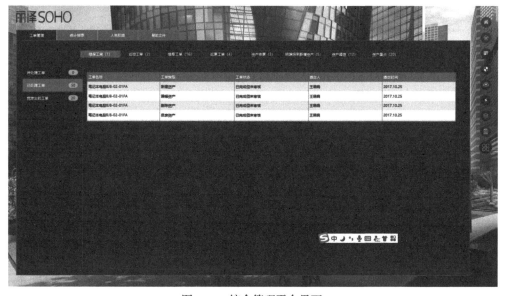

图 4-78　综合管理平台界面

四、平台使用和推广价值

北京丽泽 SOHO 项目通过基于 BIM 的运营优化平台将 BIM 模型与数据字典匹配，对运维管理平台所需的 BIM 模型进行数据优化，以建筑运维数据字典为标准，对模型构件的命名、属性、连接关系等信息进行录入和修改，从数据标准层面支持建筑运维管理平台的应用需求。

通过建筑运维标准数据字典的开发和示范应用，建立基于"物联网＋互联网"的运维管理系统，对建筑能源、变配电、室内环境品质、商铺用能缴费、设备设施等进行统一和高效的管理，帮助项目实现了高效率、高品质、高安全、低能耗管控。

案例 15　上海建科莘庄科技园区

项目名称：上海建科莘庄科技园区
建设地点：上海市闵行区申旺路 519 号
占地面积：4.2 万 m^2
竣工时间：2019 年 5 月
获奖情况：

扫一扫即可浏览
本章高清图片

1. 生态办公示范楼——中国首座"绿色建筑示范楼"，全国首届绿色建筑创新奖一等奖

2. 综合楼——中国三星级绿色建筑运行标识、上海市建筑节能示范项目、全国绿色建筑创新奖二等奖

3. 10 号楼——中国三星级健康建筑设计标识、中国三星级绿色建筑设计标识、超低能耗建筑、WELL 铂金级认证

一、项目概况

莘庄科技园区位于上海市闵行区，是上海建科集团股份有限公司的科技研发创新基地（图 4-79）。园区占地面积 4.2 万 m^2，总建筑密度约 28%，绿地率约 35%。历经近 20 年的建设发展，生态办公示范楼、综合楼以及 10 号楼的迭代更新承载了上海建科集团在绿色建筑领域不同阶段的实践示范成果。

随着园区功能的逐步完善，于 2019 年开始启动 BIM 运维集成平台的研究，旨在更好地提升园区绿色建筑的运行效果，赋能现有物业管理水平，从而提高工作人员的满意度，实现 BIM 在绿色建筑运营提效中的价值。

图 4-79　上海建科莘庄科技园区

2004 年 9 月，生态办公示范楼作为我国首座绿色建筑示范楼落成投用（图 4-80）。项目总建筑面积 1994m²，率先提出了"节约资源、节省能源、保护环境、以人为本"的绿色建筑基本理念，集成应用了"超低能耗、自然通风、天然采光、健康空调、再生能源、绿色建材、智能控制、（水）资源回用、生态绿化、舒适环境"十大技术体系，实现了建筑综合能耗为同类建筑的 25%、再生能源利用率占建筑使用能耗的 20%、再生资源利用率达到 60%、室内综合环境健康舒适的总体目标。

图 4-80　生态办公示范楼

综合楼（图 4-81）是上海建科集团打造的第二代绿色建筑，旨在将内部功能、建筑美学和绿色设计进行有机融合，打造一座"实惠、亲民"的绿色建筑。项目总建筑面积 9992m²，于 2010 年 5 月建成并投入使用，应用了"生态设计、系统节能和环境友好"三大技术体系，实现了单位建筑面积能耗比本地区同类建筑降低 20% 以上，室内环境达标率 100%。

图 4-81　综合楼

10 号楼（图 4-82）是莘庄科技园区的第三代绿色建筑，总建筑面积 2.3 万 m^2，于 2019 年底投入使用。项目是上海首批设计施工总承包试点项目，采用设计—采购—施工总承包的模式，作为上海建科集团承担的科技部"十三五"重点研发计划项目和上海市科委课题的集成示范工程，同时实现了绿色建筑三星级设计标识、健康建筑三星级设计标识、超低能耗建筑以及 WELL 铂金级四大认证目标。

图 4-82　莘庄 10 号楼

二、创新成果应用

园区秉持着绿色、生态、节能的建设理念，在近 20 年的建设期内不断开展绿色建筑、装配式建筑、健康建筑、超低能耗建筑等多项实践。空调、新风、水泵等设施设备选型先进，自控系统完善，但客观上存在系统孤岛现象和管理信息化滞后的问题，不利于绿色建筑运行性能的持续提升。

作为"十三五"国家重点研发计划项目"基于 BIM 的绿色建筑运营优化关键技术研发"的综合示范工程，上海建科莘庄科技园区通过构建绿色园区运营优化综合平台，优化了园区的设备设施管理结构，实现了园区节能低碳运行和使用者满意度提升的两大目标。

作为园区最新落成的项目，10 号楼在设计阶段采用 BIM 正向出图；施工阶段运用 BIM 场布模拟完成管线碰撞、复杂节点模拟和技术交底；竣工阶段针对施工结束之后需要维护的项目以及具体参数进行分析，形成竣工模型；运营阶段根据竣工模型进行模型轻量化和基于 BIM 技术的运营平台建设（图 4-83）。全过程 BIM 模型传递为实现全生命期 BIM 价值最大化奠定了基础。

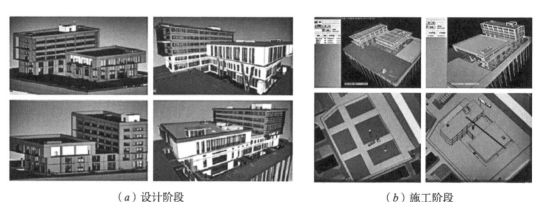

（a）设计阶段　　　　　　　　　　　　　　（b）施工阶段

（c）竣工阶段　　　　　　　　　　　　　　（d）运营阶段

图 4-83　本项目 BIM 模型在建设各阶段的传递

上海建科莘庄科技园区综合运营管理平台（图 4-84）以 BIM＋GIS 深度融合技术为建设基础，将项目组自主研发的绿色建筑运营设施设备 BIM 模型库、绿色建筑竣工模型轻量化技术、前馈式性能预测和管理技术、以满意度为导向的环境动态调控技术、园区能流－碳流调配和优化技术以及园区设备设施精细化管理技术等先进科技成果（图 4-85、图 4-86）进行技术集成和研究成果落地，为绿色园区 BIM 综合运营管理平台建设起到了良好的示范和推动作用。

图 4-84 上海建科莘庄科技园区 BIM 综合运营管理平台

图 4-85 基于 BIM 的绿色园区运营
优化平台软件著作权登记证书

图 4-86 室内环境调控策略库
软件著作权登记证书

三、平台实施过程

1. 功能需求分析

建筑运营是建筑全生命周期的最长篇幅，其成功与否不仅取决于物业的表现，更是建设和运营两阶段各相关方参与的结果。开发团队对建设方（包括业主、设计院和施工单位）、物业方和建筑使用者开展需求调研，以顶层设计的角度进行功能分析，从不同视角进行综合权衡，筛选出有效需求，有助于提高平台可用性和可扩展性。以环境管理和能源管理模块为例，建立的需求矩阵见表4-2，其中的数值代表强度，从1到4赋值，由于是自持物业，故将建设方与物业方需求合并，用户影响力和代价在实际应用中忽略不计。

环境管理和能源管理需求矩阵示例　　　　　　　　　表 4-2

绿色建筑运营需求			建设方		物业方				用户
一级指标	二级指标	三级指标	影响力	代价	需求	影响力	维护代价	管理代价	需求
环境管理 A2	绿化 B21	绿化管理、土壤湿度监测及节水灌溉 C211	4	3	3	3	3	2	2
	光环境 B22	可调节照明和遮阳管理 C221	4	4	3	2	1	2	3
	噪声 B23	室内外噪声管理 C231	3	3	3	3	3	3	3
	空气品质和热湿环境 B24	室内氨、甲醛、苯、挥发性有机物、氡等污染物浓度管理 C241	2	1	3	4	3	3	4
		室内 PM2.5、PM10、CO_2 等浓度管理 C242	4	3	3	3	2	4	4
		禁烟管理 C243	1	1	3	4	2	2	4
		地下车库污染物浓度管理 C244	3	3	3	3	2	2	4
		室内温湿度管理 C245	3	4	3	4	3	4	4
能源管理 A3	设备管理 B31	空调系统管理 C311	3	4	4	3	4	4	2
		冷热源管理 C312	3	4	4	3	4	4	1
		照明系统管理 C313	4	4	4	3	3	4	2
		其他动力系统管理 C314	3	4	3	3	3	4	2
	能源能耗管理 B32	冷热源、输配系统、照明、热水等各部分能耗独立分项计量 C321	4	4	4	2	3	4	2
		分区用能策略 C322	4	4	4	2	1	4	1
		可再生能源管理 C323	4	4	4	3	3	4	1
		电梯控制策略 C324	4	3	3	3	2	2	2
	碳排放 B33	碳排放量管理 C331	3	4	2	4	3	4	1

具体而言：

1）能源分项计量及碳排放管理需求

实现电耗、水耗、燃气和可再生能源利用的统计分析与展示。所有建筑实现总电耗数据展示，其中生态办公示范楼、综合楼和10号楼作为重点示范建筑实现电耗各分项计量数据对比；所有建筑水耗总量数据以及水耗报表输出及运营数据展示，数据可通过后台输入解决；建筑燃气总量数据以及燃气报表输出，主要是食堂燃气使用情况。基于平台能耗水耗碳计算工具，结合园区内电耗、水耗等数据进行碳排放计算和结果展示。

2）环境管理需求

园区实现室外辐射数据和气象数据的监测、存储和分析，便于分析能耗和室内环境与室外气象条件的关系。对 10 号楼提出热湿环境、空气品质和光环境的管理要求，主要以四楼作为示范楼层开展与平台的联动示范——可关联空调面板，实现分区控制、独立控制各空调室内机的启停和温度调节；可读取主要功能空间的 CO_2、PM2.5 和 TVOC 等数据，与室内空气净化器和新风机组进行联动控制以优化室内空气品质；可读取室外照度数据或辐射数据，转化为相应的控制信号，根据应用场景进行会议室人工照明和窗帘的联动控制以优化室内光环境。

3）用户满意度优化需求

用户可打开手机 APP 或小程序进行热湿环境、照度相关的满意度投票，系统可根据算法进行用户满意度优化局部示范。示范空间用户满意度结合人员、室内外环境、空间、设备等信息形成样本，采纳进满意度样本库，作为满意度分析和动态调控的数据储备。

2. 系统架构设计

园区建筑运营优化平台的系统架构包含数据源层、数据采集层、数据处理层、数据存储层、展示层五个层级（图 4-87）。每个层级在平台开发过程中起到不同的作用，且各个层级之间紧密相连、相互协作、缺一不可（图 4-88）。

图 4-87　系统总体架构

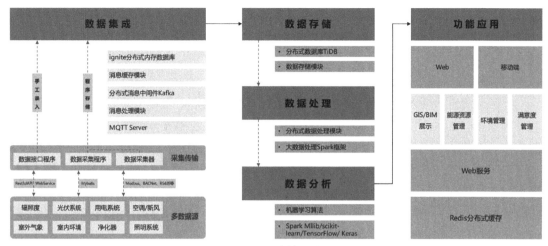

图 4-88 平台技术路径

3. 重点技术应用

1）模型轻量化技术和 BIM 模型库

模型轻量化技术是指在工程建筑 BIM 模型建立之后，通过对模型的压缩处理等技术手段，让模型在各类 Web 浏览器、移动终端上被使用的技术。BIM 轻量化引擎是建筑三维模型展示功能的基础，平台依托本次"十三五"重点研发计划项目中轻量化技术的研究成果，集成 BIM 轻量化引擎，支撑平台基于 BIM 模型的各项功能应用。

园区采用生态的容器编排平台——BIMFACE，轻量化前模型共 3.22GB，经减量化和轻量化后模型为 90MB，轻量化率达 90%（图 4-89）。

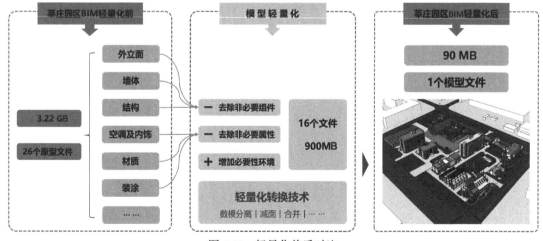

图 4-89 轻量化前后对比

同时与项目团队自主研发的 BIM 设备设施模型库云平台对接，完成部分设备设施模型的标准化创建和上传入库（图 4-90）。根据示范工程需求选择素材进行下载布置，开展模型库在示范工程的应用实践（图 4-91）。

图 4-90　模型库的上传及入库效果

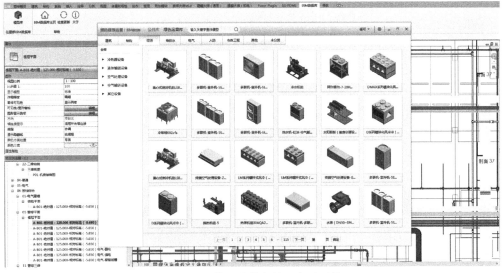

图 4-91　模型公共库的查询及下载

2）融合空间属性的人员满意度设定

满意度调查系统包括用户移动端应用、后台满意度样本数据处理系统以及基于满意度的室内环境主动调控系统。

在应用端设置关于热湿环境、光环境、空气品质和声环境等相关的满意度投票选项，供用户提交对于当前环境的个体感受，投票界面包含的元素如图 4-92 所示。

图 4-92　满意度采集界面

后台搜集满意度样本数据，关联对应人员、室内外环境、空间和设备等背景数据，可采集背景数据见表 4-3。

满意度样本背景数据示意　　　　　　　　　　　　　　　　表 4-3

参数类型	具体参数
环境满意度	温度、湿度、光环境、空气质量、声环境
采集点 BIM 空间数据	开窗朝向、窗地比、距窗距离、人员密度、层高、楼层、人员朝向
室内环境数据	温度、湿度、PM2.5/PM10 浓度、CO_2 浓度、照度、噪声、TVOC 浓度、在室人数监测
室外环境数据	风速、风向、温度、湿度、PM2.5/PM10 浓度、太阳辐射强度
采集点人员数据	身份识别（手机号）、特征识别（年龄、性别）
时间数据	时刻、季节
可调设备状态数据	空调、新风、遮阳、照明、其他

通过监督式学习等算法计算满意度模型，计算出当前区域的用户满意度情况，并根据满意度的影响因素智能联动所示区域的空调、新风、遮阳、照明系统等设备，执行根据算法的动态优化控制方案。

可采用穷举方式获取调控方案。例如，假设当前空调设定温度为 23℃，分别计算空调设定温度为 21~25℃时的满意度状态，若计算得出设定温度为 25℃时倾向于更满意，则主动调整空调温度。

3）园区能流碳流可视化分析

园区能流层级结构基本流程为：一次能源输入—加工转换—消费终端，一次能源分为不可再生能源和可再生能源（图 4-93）。园区层面无法改变由市政输入二次能源的结构，但可以通过增加自产能源，优化园区整体一次能源结构。平台通过收集园区实际运行的能耗（电、水、太阳能光伏），建立合理的园区能源数据库，进行能耗监测管理。

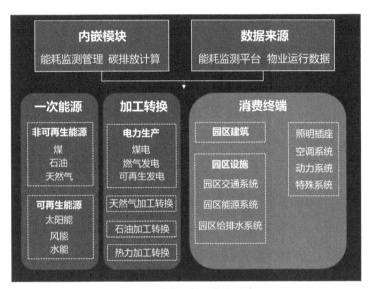

图 4-93　园区实时能流示意

园区能流碳流管理以碳流图的形式进行成果展现（图 4-94）。根据能耗监测数据和物业人员的统计信息，从园区能源、园区交通、园区水资源、园区景观等方面计算运营阶段的碳排放，同时挖掘园区碳排放影响因素，分析节能的策略，实现园区的碳排放控制。

园区碳排放 C_b 总量计算公式如下：

$$C_b = C_e + C_w + C_t - C_l$$

式中　C_e——园区能源碳排放；

　　　C_w——园区水资源碳排放；

　　　C_t——园区交通碳排放；

　　　C_l——园区景观碳汇。

其中，园区能源碳排放 C_e 主要计算园区的电力碳排放，计算公式如下：

$$C_e = (E_i - E_{re}) \times EF_i$$

式中　E_i——园区总电耗；

　　　EF_i——电力的碳排放因子；

　　　E_{re}——太阳能光伏发电量。

园区能源的输入、流动以及输出的关系，是实现节能减排的基础。能流碳流系统分析模型就是基于这一思路，以"降低含碳污染物的排放量、为环境管理服务"为目的，绘制园区能流碳流图；开展园区碳排放影响因素的灵敏度分析，辨识关键性影响因素；基于关键性影响因素获取协同减排的最优决策方案，反推各项关键性影响因素的优化调整策略，最终形成节能减排的优化调整方案。

图 4-94　园区实时碳流示意图

四、平台功能建设

1. 能源设备设施管理

能源管理包括能源统计分析和设备管理两个子模块。

能源统计分析子模块（图 4-95）以图表的形式展示各能源数据的用量、趋势以及分析数据，可选择不同时间粒度的开始与结束时间，来展示各时间点的能源数据情况，并可对展示的数据进行报表汇总与报表导出。能源类型分为能耗、水耗、燃气、可再生能源等，其中对于能耗数据进行分项计量的汇总统计，尤其是对于 10 号楼等重点建筑可以查看细分项的能耗数据；对于水耗该系统记录汇总所有楼的用水总量数据，并结合后台录入功能获得实际用水量数据；园区食堂（10 号楼 B1 层）的燃气消耗作为平行模块在系统中进行数据统计和展示；可再生能源通过光伏发电系统自带电表记录和汇总。

设备管理子系统（图 4-96）用于能源设备的监测与汇总，与 BIM 模型结合，定位到设备所在的具体位置，或者在 BIM 模型上点选相应位置，即可获得目标设备的细节信息，方便用户进一步分析操作。细节信息包含实时的通信及开启情况以及一些基本的设备类型和名称等信息，可以通过筛选条件，定位到用户所需的单个设备或设备组。点击单个设备可以了解更详细的设备运行情况，如设备的基本信息、维修记录、相关参数的列表与参数运行曲线数据等，并提供设备信息导出功能。

图 4-95　能源资源管理

图 4-96　设备设施管理

2. 园区能流碳流管理

平台的能源管理系统主要对园区用能的趋势和预测进行分析（图 4-97），对各单体建筑的电、水、可再生能源的消耗量进行监测统计和分析，包括用能历史数据查询、能耗预测以及照明插座、空调、动力、特殊系统四类用电的占比分析。能耗管理系统实现园区能耗的可视化分析，对园区的节能优化以及碳排放分析提供很好的基础。

能流碳流管理主要是基于园区的能源管理系统，根据园区及各单体建筑的用电、用水及天然气进行碳排放分析计算，并加入了碳的流动过程，形成能流碳流图（图 4-98）。平台重点对园区 10 号楼各用电子项的能耗和能流碳流进行分析，10 号楼用电根据照明插座系统、空调系统、动力系统以及特殊系统进行分类监测计量，同时园区的太阳能光伏发电主要用于 10 号楼地下室的照明，因此，在照明插座系统中考虑此部分太阳能光伏发电的碳减排量，最终计算出各分项的碳排放，绘制出从园区到建筑到各分类用电的碳流向图。

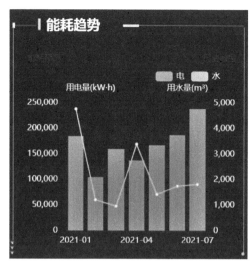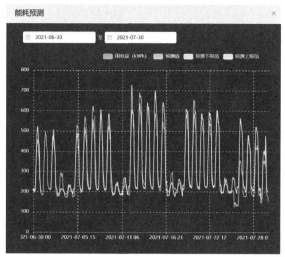

图 4-97　园区能耗趋势及预测分析

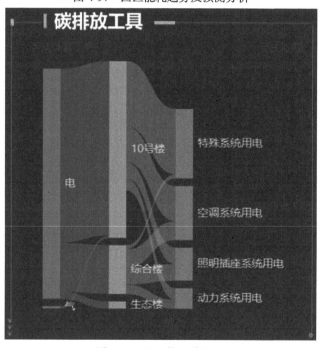

图 4-98　园区能流碳流图

通过能流碳流分析展示，可发现、监控、评估园区的能效水平及存在的问题，并为节能潜力分析提供依据；同时可为园区建设的低碳指标进行合理化定位，为识别园区碳排放关键因素提供有力支撑。

3. 园区环境品质管理

环境管理包括室外气象模块、热湿环境模块、空气质量模块和光环境模块。

室外气象模块（图 4-99）将接入公开数据源的室外环境数据以展示室外气象情况，包括温度、湿度、CO_2、PM2.5 等指标，对于公开数据中不包含的环境信息，例如室外辐射、照度等指标，增设室外辐射照度传感器来监测相关数据。所有接入的室外气象数据皆会汇总入库，保证气象数据历史可查询，可导出。

热湿环境模块记录了重点建筑楼层的室内热湿情况，通过系统提供的控制模块，调节当前的热湿环境情况，从而使当前室内人员的个体环境感受得到优化，提升人员满意度。系统接入了重点建筑楼层的所有热湿数据，与 BIM 模型深度结合，可直接在 BIM 模型界面分区控制、单台控制各室内机的启闭和温度设定。系统模拟空调等设备真实控制面板的操作习惯，显示当前热湿数据、人员满意度情况，为方便用户进一步的调节操作提供数据分析支持。

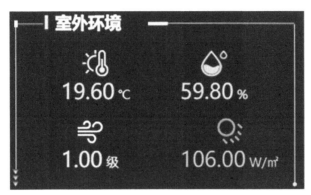

图 4-99　室外环境管理

空气质量模块记录重点建筑楼层的室内空气质量情况，包含 CO_2、PM2.5 和 TVOC 等空气指标，通过系统提供的控制模块，调节当前的空气质量，从而使当前室内人员的个体环境感受得到优化，提升人员满意度。系统接入重点建筑楼层的所有空气质量数据，与 BIM 模型深度结合，实现对空气净化器、新风系统等空气相关设备的控制与调节，以此达到提升在室人员空气品质满意度的目标。

光环境模块通过读取室外照度数据或辐射数据，结合系统内置的计算规则，转化为相应的室内控制方案，结合硬件设备，实现根据室外光环境的实时变化而人性化地调节室内环境光感体验的效果。该模块与 BIM 深度结合，不但能在系统上实现窗帘和照明灯具的智能调节，还可结合光环境数据进行调节，便捷切换光环境模式。

以图 4-100 所示的智能会议室为例，平台通过设备设施管理和环境管理实现对空调、新风机、空气净化器、灯光、窗帘的控制以及室内空气质量和光环境管理，具体功能包括：第一，自定义灯光模式，可选择节律模式、PPT 模式和会议模式。节律模式下灯光自动模拟一天 24 小时阳光色温和亮度的变化，从而提升视觉品质，改善心理感受，调节生理节律；PPT 模式将关闭窗帘，同时调整灯光的亮度和色温至最适合 PPT 放映的状态，集聚参会者注意力；会议模式下室内灯光的色温和照度自动调高，有利于提升会议效率。第二，智能控制设备展示和调控。平台当前已接入灯控、新风机、净化器、空调、窗帘机共五种类型的智能设备，并支持自由扩充智控设备。第三，室内空气质量管理。平台实时展示温湿度、CO_2 浓度、PM2.5 浓度、PM10 浓度等环境质量参数，并可结合环境质量检测结果和满意度问卷，实现相关设备的智能调节。

图 4-100　室内环境管理

4. 使用者满意度管理

基于提供给用户的移动端应用开展满意度调查，在后台提供灵活的满意度问卷方案，如图 4-101 所示，可以自定义不同问卷内容。

图 4-101　后台满意度问卷设置页面

通过监测点（具有共同属性的空间定义为一个监测点）绑定问卷，并在监测点下设采集点，分发给各个工位进行满意度采集，不同的采集点空间属性不同，如图 4-102 所示。

（a）监测点管理界面

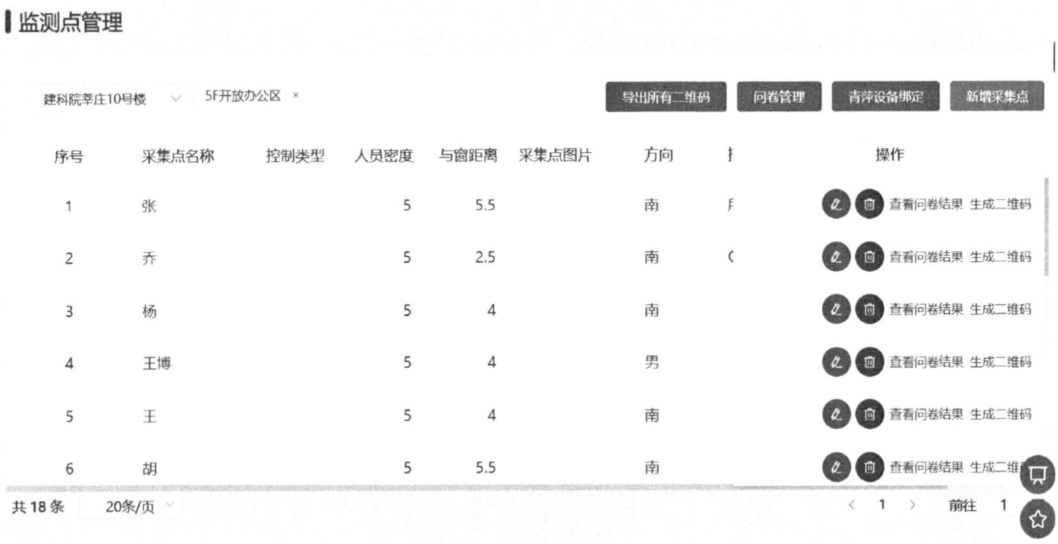

（b）采集点管理界面

图 4-102　监测点和采集点管理页面

同时，通过监测点绑定监测设备和控制设备，赋予满意度选项直接控制和模型控制选择方案，可根据采集点生成不同的满意度采集二维码并查看问卷结果，如图 4-103 所示。

图 4-103　问卷结果查询页面

五、平台使用情况

1. 能耗水耗分析

通过系统采集数据对 10 号楼 2020 年度能耗进行分析，如图 4-104 所示，全年建筑用电量合计 473469kW·h，单位建筑面积用电量 49.78kW·h/m²，相较于《民用建筑能耗标准》夏热冬冷地区建筑能耗约束值，建筑能耗降低幅度 41.4%。其中北楼（办公）用电量 310738kW·h，单位建筑面积用电量 46.08kW·h/m²；南楼（会议会展）用电量 162731kW·h，单位建筑面积用电量 58.80kW·h/m²。

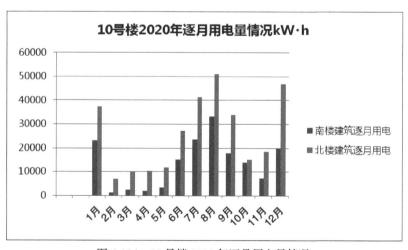

图 4-104　10 号楼 2020 年逐月用电量情况

10 号楼用能监测系统涵盖照明、插座、空调、电梯，2020 年建筑能耗分项计量占比情况如图 4-105 所示，空调系统分项用电占比最大，约 70.47%；其次照明和插座分项用电占比均等，电梯用电消耗较小。

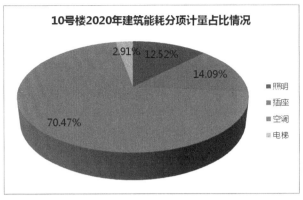

图 4-105　10 号楼 2020 年建筑能耗分项计量占比情况

2020 年全年 10 号楼建筑用水量合计 18779.2m^3，包括自来水用水、消防用水、中水处理、太阳能热水、生活热水，逐月用水分项计量情况如图 4-106 所示。

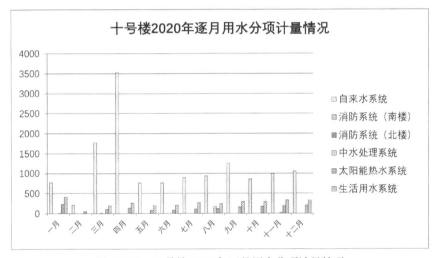

图 4-106　10 号楼 2020 年逐月用水分项计量情况

2. 人员满意度和环境质量分析数据

改善建筑环境质量，提升人员满意度是平台建设的重要目标之一，园区通过 BIM 综合运营平台实现室内环境质量改善和人员满意度需求的及时响应。

通过对园区内办公空间长期监测的 4385 条满意度样本数据分析，发现办公区室内环境总体满意率（刚好满意、满意和非常满意占比）为 84%（图 4-107）。

根据平台导出数据结果，2021 年 4 月办公空间的室内 CO_2 浓度最高未超过 700ppm。图 4-108 所示为 10 号楼四层某办公室的 CO_2 浓度监测结果。

根据平台导出数据结果，2021 年 4 月办公空间的 PM2.5 浓度在工作日白天维持在 25μg/m^3 以下，夜间或节假日 PM2.5 浓度有超标现象，最高可达 160μg/m^3。图 4-109 所示为 10 号楼 4 楼某办公室的 PM2.5 浓度监测结果。

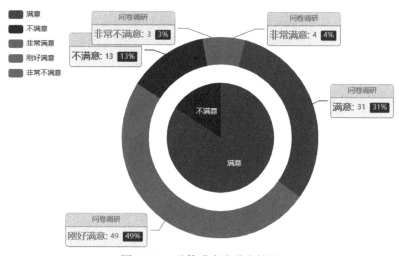

图 4-107　总体满意度分布情况

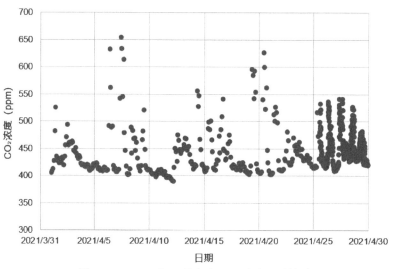

图 4-108　2021 年 4 月室内 CO_2 浓度监测结果

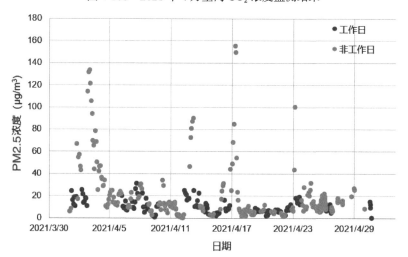

图 4-109　2021 年 4 月室内 PM2.5 浓度监测结果

六、推广价值

功能导向的绿色园区 BIM 综合运营管理平台解决了上海建科莘庄科技园区运营优化提升面临的问题，如数据协同处理、能耗评估分析、管理效率提升等；基于园区绿色设施设备精细化管理、园区运行节能的技术示范，降低了园区运营成本，助力园区实现原绿色低碳目标。

平台成果后续有望实现市场化推广，系列成果将改善绿色建筑运营期的管理水平和实际性能，提升能源利用效率，降低能源消耗总量及强度，推动绿色建筑运行信息化管理水平的进步，同时带动绿色建筑运营评估、建筑信息化、建筑自动化控制、节能服务管理等多个行业的发展。